BIOskop

Gymnasium Bayern 9

Strukturierungsvorschläge und Aufgabenlösungen

Herausgeber
Rainer Hausfeld
Wolfgang Schulenberg

Autoren
Sabine Gilbert
Rainer Hausfeld
Ulrich Helmich
Mariela Kalkhake
Martin Ratermann
Rüdiger Schmalz
Wolfgang Schulenberg
Franz Stoppel
Henning Teschner
Anna Wittekindt

westermann

Druck A[1] Jahr 2007
Alle Drucke der Serie A sind im Unterricht parallel verwendbar.

Redaktion: Heidrun Kiene
Herstellung: Mediengestaltung CeZet Claudia Zierenberg
Umschlaggestaltung und Typografie: Jennifer Kirchhof
Druck und Bindung: westermann druck GmbH, Braunschweig

ISBN 978-314-159513-8

Inhaltsverzeichnis

Ursula 2008

Jedem Abschnitt ist ein **Strukturierungsvorschlag** vorangestellt. Der Strukturierungsvorschlag bietet Ihnen eine Übersicht, wie Sie die inhaltliche Abfolge des jeweiligen Themas im Unterricht strukturieren können. Den einzelnen Schritten dieses Strukturierungsvorschlags sind die Abbildungen und Arbeitsmaterialien des Schülerbuches zugeordnet.

M Aufgaben richtig verstehen

1

Abb. 2: zusammenfassen, diskutieren
Abb. 3: beschreiben, zeichnen
Abb. 4: beobachten, beschreiben, Hypothese entwickeln
Abb. 5: auswerten, interpretieren, Hypothese entwickeln
Abb. 6: auswerten, vergleichen

M Basiskonzepte

1

1) *Angepasstheit; Kommunikation + Information:* Die Eule ist durch ihre großen Augen an die Lebensweise in der Nacht angepasst und kann so auch nachts gut sehen, also Informationen über ihre Umgebung aufnehmen.
2) *Information + Kommunikation:* Bei dem abgebildeten Trick zur Bestimmung der Höhe eines Gegenstandes in weiter Entfernung erhält man neue Information über die Umwelt.
3) *Vielfalt:* Die farbliche Ausprägung der Maiskörner ist vielfältig und wird durch die vererbten Allele bestimmt.
4) *Fortpflanzung + Entwicklung:* Der abgebildete Mann ist ungewöhnlich groß, was auf eine Hormonstörung während der Entwicklung zurückzuführen ist.
5) *Vielfalt:* Die unterschiedliche farbliche Musterung der Käfer verdeutlicht biologische Vielfalt.
6) *Information + Kommunikation:* Beim Sprechen und Lachen wird Information ausgetauscht und kommuniziert.
7) *Stoffe + Energie:* Beim Sport wird Energie aus dem Stoffwechsel für die Muskelaktivität benötigt.
8) *Struktur + Funktion:* Alle Lebewesen sind aus Zellen aufgebaut. Bestimmte Gewebe haben dabei bestimmte Funktionen.
9) *Struktur + Funktion; Information + Kommunikation:* Das Gehirn ist die Struktur, in der die Informationsverarbeitung stattfindet.

1 Nervensysteme

1.1 Nervensysteme haben sich entwickelt

Tiere haben unterschiedliche Nervensysteme entwickelt	1 Abb. 1
Hohe Leistungsfähigkeit eines Nervensysems ist mit einer großen Zentralisation verbunden	2 Abb. 1,3
Größe, Aufbau und Leistungsfähigkeit bei Säugetiergehirnen	3 Abb. 2

1

Schwämme haben kein Nervensystem. Hohltiere haben ein netzförmiges Nervensystem, das den ganzen Körper gleichmäßig durchzieht. Plattwürmer und Ringelwürmer haben deutlich ausgebildete Nervenstränge, wobei diese bei Ringelwürmern srickleiterförmig strukturiert sind (Strickleiternervensystem) und bereits Nervenknoten, also Ansammlungen vieler Nervenzellen aufweisen. Bei Gliederfüßern sind diese Nervenknoten noch stärker ausgeprägt (Strickleiternervensystem mit Nervenknoten). Weichtiere haben ein relativ einfaches Nervensystem, das jedoch bereits eine Zentralisierung aufweist. Diese Zentralisierung ist bei Wirbeltieren sehr stark: Wirbeltiere besitzen ein Gehirn.

2

A: Gehirn einer Königin
B: Gehirn eines Männchens
C: Gehirn einer Arbeiterin
Ameisen-Arbeiterinnen haben das größte Gehirn, da sie komplexe Aufgaben leisten müssen, u.a. Brutpflege, Verteidigung und Nahrungsbeschaffung; dabei spielt Kommunikation über Duftstoffe und Körpersprache eine wichtige Rolle, für deren Verarbeitung ein komplexes Gehirn notwendig ist. Ameisen-Männchen haben dagegen ein kleineres, einfacheres Gehirn, da sie lediglich ausschwärmen, die Weibchen begatten und danach sterben. Auch die Königinnen zeigen ein wenig komplexes Verhalten (Ausschwärmen und anschließende Eiablage), für das kein großes Gehirn notwendig ist.

3

Die Gehirne der Säugetiere haben entsprechend der unterschiedlichen Körpergrößen verschiedene Massen (Elefant: sehr groß, Maus: sehr klein). Prozentual zum Körpergewicht hat dagegen z.B. die Maus ein verhältnismäßig großes Gehirn, das 3,3 % der Körpermasse ausmacht und auch beim Menschen ist der Anteil sehr hoch (2,3 %). Die Leistungsfähigkeit des Gehirns hängt nicht nur von der absoluten Masse ab, sondern von der Gehirnoberfläche. Diese ist beim Elefanten am größten, da auch ein sehr großer Körper gesteuert werden muss, beim Menschen verglichen mit seinem nicht besonders großem Körper auch groß, was komplexes Verhalten und Sprache ermöglicht, beim Schwein dagegen relativ gering.

1.2 Nervenzellen

Bau einer Nervenzelle	Abb. 1
Informationsübertragung an Synapsen	1 Abb. 3
Bedeutung von Axonen und Synapsen	3 Abb. 2,4
Wirkung von Narkose, Nervengas und Drogen	2 Abb. 3

1

a)

Ankommende elektrische Impulse im Endknöpfchen des Axons

↓

Ausschüttung von Transmittermolekülen in den synaptischen Spalt

↓

Binden der Transmittermoleküle an Rezeptoren der postsynaptischen Membran

↓

Auslösung eines elektrischen Impulses in der Zielzelle

b) Die Synapse als Verbindungsstelle zwischen zwei Nervenzellen ist in ihrem Aufbau und ihrer Funktion gerichtet: Auf der einen Seite, im Endknöpfchen, befinden sich Bläschen mit Transmittermolekülen, die ihren Inhalt bei ankommenden elektrischen Impulsen in den synaptischen Spalt ausschütten. Auf der anderen Seite des synaptischen Spalts befinden sich in der postsynaptischen Membran Rezeptoren, die die Transmitter der vorgeschalteten Nervenzelle binden. Die eine Zelle kann daher nur als Reaktion auf einen elektrischen Impuls Transmitter ausschütten, die andere als Reaktion auf die Bindung von Transmittern elektrische Impulse generieren; die Informationsübertragung findet also immer in die gleiche Richtung statt.

2

a) Narkosestoffe können z. B. dadurch wirken, dass sie Rezeptoren der postsynaptischen Membran blockieren und damit verhindern, dass Transmittermoleküle binden und elektrische Signale ausgelöst werden. Die Weiterleitung des Nervenimpulses wird dadurch verhindert und damit z. B. die bewusste Wahrnehmung ausgeschaltet.
b) Die Enzyme im synaptischen Spalt sind dafür zuständig, Transmittermoleküle abzubauen und damit unwirksam zu machen. Wenn diese Enzyme durch Nervengase blockiert sind, bleiben die Rezeptoren unkontrolliert aktiviert, ohne dass an der vorgeschalteten Zelle elektrische Signale die gezielte Transmitterauschüttung auslösen und es werden in der Zielzelle kontinuierlich elektrische Impulse ausgelöst. Es kommt zu einer Daueraktivierung und damit zum Verlust der Information.
c) Drogen, die wie Transmittermoleküle den Rezeptor aktivieren, bewirken in der Zielzelle elektrische Impulse, auch ohne eine Aktivierung der vorgeschalteten Zelle, bzw. sie verstärken die postsynaptische Reaktion auf einen leichten Reiz. Es kann daher z. B. zur Verstärkung von Gefühlszuständen oder zu Falsch-Wahrnehmungen wie Halluzinationen kommen.

3

a) $10^{14} / (3 \times 10^{10}) = 3333,3$
Durchschnittlich hat jede Nervenzelle 3333 Synapsen.
b) Bei einer max. Leitungsgeschwindigkeit von 120 m/s, benötigt die Weiterleitung eines Impulses über eine Strecke von 80 cm 6,7 ms (120 m/s → 0,0083 s/m → 0,0067 s/80 cm).

1.3 Nervensystem des Menschen

Nervensysteme im Körper	Abb. 1,2
Das autonome Nervensystem	**1** Abb. 4
Funktionsweise des Parasympathikus	**2** Abb. 4
Querschnittslähmung	**3** Abb. 4

1

a) Der Sympathikus bewirkt Veränderungen in den Organen, die zum großen Teil mit einer erhöhten Leistungsbereitschaft zusammenhängen: Die Bronchienweite nimmt zu, sodass die Atmung effektiver wird und mehr Sauerstoff aufgenommen wird. Die Herzaktivität nimmt zu, wodurch mehr Blut durch den Körper gepumpt wird; auch die Pupillen werden bei erhöhter Lei-

stungsbereitschaft erweitert. Die Magen-, Darm- und Bauchspeicheldrüsenaktivität und auch die Speichelbildung nehmen ab, in einer akuten Leistungssituation ist die Verdauung eher unwichtig. Der Blutzuckerspiegel steigt, sodass mehr Zucker für die Energiegewinnung in der Zellatmung verfügbar wird.
Andere Funktionen des Sympathikus wie die verminderte Nierenfunktion, Blasenentleerung und verringerte Erregung der Geschlechtsorgane sind nicht direkt mit einer Leistungssteigerung verbunden.
b) Angst und Stress fördern die Aktivität des Sympathikus. Bei häufiger oder andauernder Erregung des Sympathikus werden die von ihm kontrollierten Organe dauerhaft beeinflusst, was Beschwerden hervorrufen kann. Z. B. kann sich eine dauerhafte Sympathikusaktivität auf das Herz auswirken, dessen Aktivität ohne akuten Anlass dauerhaft erhöht ist, oder auf Magen und Darm, deren Aktivität unter Sympathikuseinfluss vermindert ist und es so zu Verdauungsstörungen kommen kann.

2

Der Parasympathikus wirkt hemmend auf die Herzaktivität. Wenn er betäubt wird, so hat dies durch die ausbleibende Hemmung eine Erhöhung der Herzfrequenz zur Folge. Bei Stress wird der Sympathikus aktiviert, was sich zusätzlich in einer weiteren Erhöhung der Herzfrequenz äußert.
Der Parasympathikus bewirkt eine Verkleinerung der Pupillenweite, sein Gegenspieler, der Sympathikus, bewirkt eine Pupillenerweiterung. Wenn der Parasympathikus betäubt wird, so überwiegt die Aktivität des Sympathikus und die Pupille des Auges erweitert sich.

3

Wenn die Nerven des Rückenmarks durchtrennt sind, ist die Bewegung der Körperteile unterhalb der Verletzung nicht mehr möglich, weil die motorischen Nerven, die vom Gehirn kommen und die Muskeln ansteuern, zerstört sind. Die Nervenfasern des Parasympathikus, die Herz, Lunge, Magen und Darm kontrollieren, verlassen das Rückenmark schon oberhalb der Halswirbelsäule. Bei einer Querschnittslähmung im Brustbereich sind sie daher nicht betroffen und die Organe funktionieren normal. Die Blase wird dagegen von Fasern des Parasympatikus kontrolliert, die erst im Bereich des Beckens aus dem Rückenmark austreten, diese sind nach der Querschnittslähmung vom Gehirn abgeschnitten und die Blase kann nicht mehr kontrolliert werden.

1.4 Das Gehirn

–

1.5 Reiz – Reaktion

Das EVA – Prinzip	
Reizaufnahme und Reaktion – Vergleich mit Computersystem	**1**
Reaktionszeit	**1** **2** Abb. 1,3
Reflexe	**2** Abb. 1,2

1

(E) = Entsprechung zum Eingabe-Prinzip im Computer
(V) = Entsprechung zum Verarbeitungs-Prinzip im Computer
(A) = Entsprechung zum Ausgabe-Prinzip im Computer
- Sehen des Balles (E)
- Einschätzung der Größe, Schwere und Geschwindigkeit des Balles (V)

- Verfolgen der Bewegung des Balles und gedankliches Weiterverfolgen der Flugbahn, Berechnung des voraussichtlichen Ort des Auftreffens (E, V)
- Laufen zur Stelle des vermuteten Auftreffens (A)
- Heben der Arme (A)
- Halten der Hände in der richtigen Position und im richtigen Abstand (V, A)
- Bei Auftreffen des Balls Kraftaufwendung mit den Händen entgegen der Flugrichtung des Balles (A)
- Gleichzeitig schnelles Zusammenführen der Hände, um Ball festzuhalten (A)
- Bei fest geworfenem Ball gleichzeitig leichtes Beugen der Beine und Ausgleichsbewegung, um den Schwung abzufangen und den Stand zu stabilisieren (A)

Das Fangen eines Balles stellt ein gutes Beispiel einer Reaktion dar, die die Aufnahme von Sinnesinformation (E), die Verarbeitung im Gehirn und den Vergleich mit Erfahrungen und Wissen (V), sowie eine motorische Reaktion durch gezielte Aktivierung von Muskeln (A) erfordert.

2

Verkehrssituation (Autofahrer), Abb. 1:

Auftauchen der Jugendlichen im Sehfeld
↓
Reizung der Lichtsinneszellen
↓
Reizleitung durch sensorische Nerven zum Gehirn
↓
Verarbeitung der Informationen im Gehirn
↓
Befehlsausgabe für die Vorgänge zum Bremsen und eventuell Ausweichen
Reizleitung durch motorische Nerven zu den Muskeln des Beins und des Fußes (Bewegung zum Betätigen des Bremspedals) und eventuell der Arme und Hände (Ausweichmanöver)
Nachregulieren in gleicher Weise bei Veränderung der Einschätzung (Verarbeitung im Gehirn) aufgrund der ständigen Informationen aus dem Auge.

Kniesehnenreflex, Abb. 2:

Schlag auf Muskel im Oberschenkel
↓
Reizung der Dehnungssinneszellen
↓
Reizleitung durch sensorische Nerven zum Rückenmark
↓
Umschaltung auf motorische Nerven
↓
Kontraktion des Strecker-Muskels
↓
Streckung des Beines

3

a) –
b) z. B.
Verminderte Aufmerksamkeit und Konzentration, motorische Ungeübtheit / schlechte Beweglichkeit der Finger, Sehschwäche, Alkohol- und Drogeneinfluss

1.6 Lernen und Gedächtnis

Modell zum Gedächtnis **4** Abb. 3	Merktest **1** **2** Abb. 1,2
Alltagssituation **3**	Lernen im Alltag **5** **6**

1

In Abb. 1 sind den Begriffen Bilder zugeordnet, die diese direkt darstellen. Dies erleichtert das Merken im Vergleich zum geschriebenen Wort alleine, da sich zusätzlich ein Bild im Gedächtnis einprägt. In Abb. 2 sind die zugeordneten Bilder nicht einfach Darstellungen des geschriebenen Begriffs, sondern einer Situation. Die dargestellten Situationen sind sehr einprägsam, da sie unsere Gefühle ansprechen, Gefahr, Angst, Schrekken, Schmerz, Unglück etc. vermitteln. Durch die Verknüpfung mit einer gefühlsmäßig eindrücklichen und befremdlichen Situation kann der Begriff noch besser behalten werden als durch die reine Verbildlichung von Abb. 1. Dies hängt auch damit zusammen, dass der Hippocampus, der im Gehirn eine Schlüsselstellung bei Gedächtnisvorgängen einnimmt, eng mit Gefühlsempfindungen verbunden ist.

2

–

3

Im Langzeitgedächtnis wird Information immer zusammen mit den bei der Informationsaufnahme erlebten Eindrücken gespeichert. Beim Zurückkehren an den Ausgangspunkt wird die Erinnerung an den Ort und die Situation aus dem Gedächtnis aufgerufen, mit dem auch das in dieser Situation gefasste Vorhaben der Erledigung verknüpft ist, das einem deshalb plötzlich wieder einfällt.

4

a) Filter: Sinnesorgane und angeborene, automatisch ablaufende Filtermechanismen
Glasscheibe: Arbeitsgedächtnis
Beweglicher Filter: Filterung beim Übergang vom Arbeits- in das Langzeitgedächtnis (Hippocampus beteiligt), abhängig von Wiederholung, Gefühlen, Belohnung und Aufmerksamkeit
Fotoplatte: Langzeitgedächtnis
b) Die Sinnesorgane und angeborene, automatisch ablaufende Filtermechanismen werden im Modell recht gut dargestellt, da diese Filter relativ statisch sind, wie auch die dargestellte durchlöcherte Holzplatte. Es wird richtig symbolisiert, dass nur bestimmte Anteile der Umwelt über Sinnesorgane wahrgenommen werden und nur ein kleiner Teil der Signale der Sinnesorgane vom Gehirn weiterverarbeitet wird.
Eine wichtige Eigenschaft des Arbeitsgedächtnisses ist seine begrenzte Speicherkapazität, diese wird durch die Darstellung als Glasplatte nur schlecht symbolisiert, da eine Glasplatte Licht (entspricht Information) nicht speichern kann und es ungefiltert durchlässt.
Die Filterung beim Übergang vom Arbeits- in das Langzeitgedächtnis mit dem Hippocampus als „Tor zum Langzeitgedächtnis“ ist gut durch den beweglichen Filter (durchlöcherte Holzplatte, die verschoben werden kann) symbolisiert: Je nach Fokus der Aufmerksamkeit, Intensität der Verarbeitung durch Wiederholung, Verknüpfung mit Gefühlen und Belohnung wird der Informationsfilter im Gehirn so angepasst, dass die relevanten Informationen in das Langzeitgedächtnis weitergegeben werden.
Das Langzeitgedächtnis ist gut als Fotoplatte verbildlicht, auf der die Information (symbolisch Licht) eine dauerhafte Veränderung bewirkt. Information, die bis in das Langzeitgedächtnis gelangt, kann so über lange Zeit gespeichert werden, so wie ein Foto dauerhaft ein Abbild der Umwelt festhält. Allerdings ist die Speicherkapazität des Langzeitgedächtnisses fast unbegrenzt, was im Modell nicht dargestellt ist, da eine Fotoplatte nur begrenzt Platz zur Belichtung hat.

5

Aufmerksamkeit, Motivation und Fleiß beeinflussen den Übergang von aufgenommener Information vom Arbeitsgedächtnis in das Langzeitgedächtnis.
Aufmerksamkeit wirkt dabei auf verschiedenen Ebenen und bildet einen wichtigen Filter zur Auswahl der relevanten Informationen zur bewussten Wahrnehmung und der Speicherung im Langzeitgedächtnis (Beispiele für selektive Aufmerksamkeit: Fokussierung auf ein Gespräch in lauter Umgebung, Schauen „aus dem Augenwinkel“).
Motivation ist ein Gefühl, das durch Belohnung und Zuwendung verstärkt wird und den Vorgang der Aufnahme von Information in das Langzeitgedächtnis begünstigt und das Lernen verbessert.
Fleiß wirkt sich positiv auf den Lernvorgang aus, da die intensive Beschäftigung mit dem Lerninhalt, seine häufige Wiederholung und Beleuchtung unter verschiedenen Aspekten die Aufnahme in das Langzeitgedächtnis erleichtert.

1.7 Erkrankungen des Nervensystems

Morbus Alzheimer	1 Abb. 3,5
Parkinson-Krankheit	2 Abb. 4
Depressionen	3 Abb. 1,6

1

a) Bei einem gesunden Menschen ist das ganze Gehirn gut durchblutet (warme Farbtöne in Abb. a), die schwarzen Bereiche in Abb. a stellen flüssigkeitsgefüllte Hohlräume des Gehirns dar. Bei einem Alzheimer-Erkrankten (Abb. b) ist das Gehirn schlechter durchblutet und das Gehirn ist verkleinert (mehr schwarze Bereiche).

b) Mit zunehmendem Fortschreiten der Erkrankung werden die Selbstportraits abstrakter und undeutlicher, bis zur Unkenntlichkeit; die Farben werden zunehmend dunkler. Ursache ist das bei der Alzheimer-Erkrankung auftretende Absterben von Nervenzellen, die verminderte Durchblutung des Gehirns und ein gestörter Informationsaustausch zwischen den Nervenzellen, wodurch es nicht nur zu Vergesslichkeit, sondern auch zu Orientierungsstörungen und einer grundsätzlich veränderten Wahrnehmung kommt. Dies äußert sich auch in der abnehmenden Fähigkeit, sich selbst wahrzunehmen und das Selbstbild malerisch darzustellen, wie in den Bildern deutlich wird. In diesen zeigen sich außerdem die zunehmende Isolation und das Leid des Malers.

2

Die Schriftprobe des Gesunden zeigt einen flüssigen, gleichmäßigen Schreibstil. Dagegen ist die Schrift des Parkinson-Erkrankten zittrig und ungleichmäßig. Der Patient benötigt wesentlich mehr Zeit zum Schreiben als der Gesunde. Das Zittern der Hände ist neben anderen Bewegungsstörungen und Verlangsamtheit eines der Symptome der Parkinson-Krankheit, die durch einen Dopamin-Mangel im Gehirn hervorgerufen wird.

3

a)
- Antriebslosigkeit
- Traurigkeit
- Mutlosigkeit
- Erschöpfung
- zunehmende Isolation
- mangelndes Selbstvertrauen

b) Im Gemälde stellt der Maler große Angst dar. Die weit aufgerissenen Augen, der geöffnete Mund und die an den Kopf greifenden Hände zeigen die große Verzweifelung des dargestellten Mannes. Verstärkt wird dies durch die grellen Farben der verschwimmenden, wilden Umgebung. Der Mann scheint in seiner Angst gefangen und ihr hilflos und allein ausgesetzt.

2 Sinnesorgane

2.1 Vom Reiz zur Wahrnehmung

Einflüsse und Reize auf der Haut	Abb. 1
Was nehmen wir wahr? Begriffe: Reiz, adäquater Reiz, Reizstärke	1 Abb. 1,3
Die Sinneszellen in der Haut	2 Abb. 2,3
Technische Hilfsmittel Wie wirken diese?	2

1

- Sinneszellen ermöglichen die Wahrnehmung von Umgebungsreizen.
- Jede Sinneszelle reagiert nur auf einen adäquaten Reiz mit einer speziell passenden Reizart und Reizstärke.
- Sinneszellen mit ähnlichen Aufgaben sind in Sinnesorganen zusammengefasst.
- Sinneszellen wandeln Reize in elektrische Signale um, die von Nerven an das Gehirn weitergeleitet werden, wo die Wahrnehmung entsteht.
- Die Sinneszellen verschiedener Tierarten sind auf deren Lebensweise spezialisiert.

2

z. B.

- Kompass zur Messung des Magnetfeldes
- Fledermaus-Detektor zum Hörbarmachen von Ultraschalllauten
- Infrarot-Sichtgerät zum Sichtbarmachen von infraroter Strahlung
- Geigerzähler zur Messung radioaktiver Strahlung
- Thermometer zur genauen Messung von Temperaturschwankungen

3

a)

Sinneszelle	**adäquater Reiz**	**Beispiel für Alltagssituation**
Sinneszelle für Wärme	hohe Temperatur	warme Luft im Sommer
Sinneszelle für Kälte	niedrige Temperatur	Berührung von Schnee
Sinneszelle für Druck	mechanischer Druck	Begrüßung mit Handschlag
Sinneszelle für Hautbewegung	Dehnung der Haut	Bewegung der Haare durch Wind
Sinneszelle im Muskel für Dehnung	Dehnung des Muskels	Bewegen der Finger
Sinneszellen für Vibration	Vibration	Berühren eines schwingenden Musikinstruments
Sinneszellen für Druck und Schwingungen	Druck und Schwingungen	Gitarre spielen
Nervenendigung für Schmerz	Verletzung	Nadelstich

b) Die Wahrnehmung von Wärme und Kälte sind für den Menschen besonders wichtig, da alle Körperfunktionen an eine konstante Körpertemperatur gebunden sind. Um diese aufrecht zu halten, ist es wichtig, die Umgebungstemperatur wahrzunehmen und das Verhalten daran anzupassen, um den Körper vor Auskühlung oder Überhitzung zu schützen (z. B. Heizen im Winter, leichte Kleidung im Sommer). Extreme Hitze und Kälte sind für den Körper gefährlich und können z. B. die Haut zerstören.

c) Die Raumschwelle ist der Abstand zweier gleichstarker Druckreize, die gerade getrennt wahrgenommen werden. Sie ist für verschiedene Körperteile sehr unterschiedlich groß: Zungenspitze, Lippe und Fingerspitze haben besonders kleine Raumschwellen, d.h. zwei sehr nahe Druckreize werden einzeln wahrgenommen (< 5 mm). Zungenrand, Handfläche, Stirn und Handrücken können weniger gut Druckreize unterscheiden, hier ist die Raumschwelle größer (–35 mm). Besonders große Raumschwellen haben Rücken und Oberarm, hier werden zwei Druckreize erst dann getrennt voneinander wahrgenommen, wenn sie ca. 6,8 cm auseinander liegen.
Diese unterschiedliche Empfindlichkeit gegenüber nah beieinander liegenden Druckreizen steht im Bezug zu den Leistungen der Körperteile: Die Zunge muss sehr empfindlich sein, um Nahrung gut zu spüren und exakte Bewegungen beim Sprechen zu machen. Mit den empfindlichen Fingerspitzen tasten wir unbekannte Strukturen ab. Die Handfläche muss beim Greifen sehr viel feiner Druckpunkte auflösen können als der Handrücken. An Rücken und Oberarm muss keine genaue Wahrnehmung von Druckreizen erfolgen.

2.2 Das Auge

Bau des Auges Stationen des Sehens	1 Abb. 1
Versuch zum blinden Fleck	2 Abb. 3
Dämmerungssehen und Farbensehen	3a 4 Abb. 2
Rot-Grün-Sehschwäche	3b 3c Abb. 4

1

Licht gelangt durch die Hornhaut ins Auge
↓
Licht wird durch die Pupille gelassen
↓
Licht wird durch die Linse gebrochen
↓
Licht gelangt durch den Glaskörper
↓
Licht trifft auf die Netzhaut
↓
Sehsinneszellen (Stäbchen und Zapfen) reagieren und senden elektrische Signale an Nervenzellen
↓
Nervenzellen senden elektrische Signale an Sehnervenzellen
↓
Sehnervenzellen senden die Information als elektrisches Signal an das Gehirn
↓
Im Gehirn entsteht die Seh-Wahrnehmung

2

a) Beim Fixieren des Kreuzes ist dieses scharf zu erkennen, Kreis und Rechteck wirken undeutlicher. Bei einem bestimmten Abstand zwischen Auge und Buch ist rechts nur noch der Kreis zu sehen, das Rechteck ist verschwunden. Wird der Abstand noch kleiner, so taucht das Rechteck wieder auf, dafür verschwindet der Kreis. Wenn das Buch direkt vor die Augen gehalten wird, sind beide Symbole wieder zu sehen.

Beim Fixieren des Kreuzes wird dieses auf der Netzhaut am gelben Fleck abgebildet, wo die Zapfen besonders dicht stehen, hier wird dadurch besonders scharf gesehen. Kreis und Kreuz sind weiter außen auf der Netzhaut abgebildet, wo die Sehsinneszellen weniger dicht stehen und werden weniger exakt wahrgenommen. Bei einem bestimmten Abstand zwischen Auge und Buch fällt Licht, das vom Rechteck kommt, genau auf den blinden Fleck, den Bereich auf der Netzhaut, an dem der Sehnerv das Auge verlässt. Da sich dort keine Sinneszellen befinden, wird die Lichtinformation nicht verarbeitet und man kann das Rechteck nicht wahrnehmen. Wenn der Abstand kleiner ist, werden Kreis und Rechteck an anderen Stellen der Netzhaut abgebildet, und nun trifft das Licht des Kreises genau auf den blinden Fleck – der Kreis wird nicht gesehen, während das Rechteck wieder sichtbar ist. Bei sehr kleinem Abstand sind beide Symbole ganz außen auf der Netzhaut abgebildet und sind für uns sichtbar.

Der Versuch ist ein Nachweis für den blinden Fleck.

Die genaue Beobachtung zeigt, dass, während der Kreis verschwindet, an dieser Stelle trotzdem etwas gesehen wird, nämlich rote Farbe. Dies ist darauf zurückzuführen, dass das Gehirn den durch den blinden Fleck unbekannten Teil rekonstruiert und sinnvoll ergänzt: Sinnvoll bedeutet hier, dass der rechts und links des blinden Flecks abgebildete rote Hintergrund auch in der Wahrnehmungslücke fortgesetzt wird.

b) Der Versuch funktioniert auch mit einer Abbildung in einer anderen Farbe. Die Existenz des blinden Flecks ist unabhängig vom Farbensehen, das durch die drei unterschiedlichen Zapfentypen vermittelt wird. Wird der Versuch mit einer Abbildung anderer Farbe durchgeführt, wird nochmals deutlich, dass das Gehirn die durch den blinden Fleck entstehende Wahrnehmungslücke durch die entsprechende Hintergrundfarbe ergänzt.

3

a) Abbildung 2 zeigt in einer Grafik die unterschiedliche Empfindlichkeit der drei Zapfentypen: blau-violett empfindliche Zapfen reagieren maximal auf Licht der Wellenlänge 450 nm, was blau-violetter Farbe entspricht. Grün-empfindliche Zapfen reagieren besonders empfindlich auf Licht mit einer Wellenlänge von 540 nm (grün-gelb) und rot-empfindliche Zapfen auf Licht der Wellenlänge 600 nm (rot).

Auf Licht mit Wellenlängen ähnlich zum Optimum reagieren alle Zapfen auch, aber zunehmend weniger empfindlich, der Empfindlichkeitsverlauf ist glockenförmig. Die Bereiche, in denen die Zapfentypen empfindlich sind, überschneiden sich teilweise, z. B. reagieren alle Zapfen auf blau-grünes Licht (500 nm), die grün-empfindlichen Zapfen sehr stark, beide anderen Typen nur sehr schwach. Jeder Farbe entspricht so ein bestimmtes Reaktionsmuster der drei Zapfentypen.

Auf UV-Licht, das kurzwelliger ist als 400 nm, reagieren keine Zapfen, dieses Licht bleibt für uns unsichtbar; gleiches gilt für Infrarot-Licht mit Wellenlängen über 660 nm.

b) Der grün-empfindliche Zapfentyp ist für grün-gelbes Licht zuständig, für das die anderen beiden Zapfentypen kaum empfindlich sind. Wenn dieser ausfällt, ist das Reaktionsmuster der Zapfen (insbesondere die Aktivität der Rot-Zapfen) bei rot und grün sehr ähnlich und ruft den gleichen Wahrnehmungseindruck hervor – die Farben können nicht eindeutig unterschieden werden. Besonders in einem Punktemuster (Abb. 4), das unterschiedliche Helligkeiten beinhaltet, und in dem die eingebettete Zahl nur durch ihre Farbinformation erkennbar ist und nicht durch ihren Kontrast, wird dies deutlich und die Rot-Grün-Schwäche wird offensichtlich.

c) Anders als die Punkte auf der Testtafel unterscheiden sich die rote und grüne Ampelfarbe nicht nur durch ihre Wellenlänge (Farbe), sondern auch durch ihre Helligkeit. Die Farben der Ampel können daher auch von Personen mit Rot-Grün-Sehschwäche unterschieden werden. Hinzu kommt, dass auf einer Ampel jeder Farbe eine bestimmte Position zugeordnet ist, die eindeutig die Anweisung (halten oder fahren) anzeigt.

4

Der fixierte Text wird auf der Netzhaut am Ort des schärfsten Sehens, dem gelben Fleck, abgebildet. Hier befinden sich v. a. Zapfen, die nicht besonders lichtempfindlich sind. Bei Dämmerung reicht das Licht nicht mehr aus, um die Zapfen anzuregen und die Buchstaben sind nicht mehr erkennbar. Die Gegenstände der Umgebung werden auf der Netzhaut am Rand abgebildet, hier befinden sich viele Stäbchen, die sehr lichtempfindlich sind und daher auch bei Dämmerung noch die Sehinformation vermitteln. Allerdings sind die Stäbchen unempfindlich für verschiedene Farben, und es erscheint alles gleich grau.

2.3 Das Auge kann scharf sehen

Die Lichtbrechung im Auge	Abb. 1
Exkurs: Physikalische Grundlagen der Lichtbrechung	Abb. 2
Akkommodation	1 3 Abb. 2
Augenfehler	2 Abb. 3
Fische fangen mit dem Speer (haben wir alles verstanden?)	4 Abb. 2a

1

Um ein Bild scharf zu sehen, müssen die Lichtstrahlen, die von einem Punkt eines Gegenstandes ausgehen, auch in einem Punkt auf der Netzhaut zusammentreffen. Wenn der Gegenstand weit entfernt ist, müssen hierfür die auf das Auge treffenden Lichtstrahlen nur schwach gebrochen werden. Eine schwache Brechung wird dadurch erzielt, dass der Ringmuskel sich entspannt, die Linsenbänder dadurch gespannt werden und die Linse auseinander gezogen wird und eine flache Form annimmt. An einer flachen Linse wird das Licht nur schwach gebrochen. Ist ein Gegenstand nah, so muss die Lichtbrechung verstärkt werden, um ein scharfes Bild auf der Netzhaut zu erzielen: Der Ringmuskel zieht sich zusammen, die Linsenbänder erschlaffen, und die Linse nimmt eine kugelige Form an, die das einfallende Licht stark bricht. Die Anpassung der Brechungskraft des Auges auf unterschiedliche Entfernungen nennt man Akkommodation.

2

Bei Kurzsichtigkeit ist die Brechkraft der Linse zu stark, weit entfernte Gegenstände können daher nicht scharf gesehen werden, da sich die Lichtstrahlen schon vor der Netzhaut treffen. Zur Korrektur wird eine zusätzliche Linse verwendet (Brille oder Kontaktlinse), die die Lichtstrahlen in die andere Richtung bricht (konkave Linse) und den Brennpunkt nach hinten auf die Ebene der Netzhaut verschiebt.
Bei Weitsichtigkeit ist die Brechkraft der Linse zu schwach, nahe Gegenstände können daher nicht scharf gesehen werden, da sich die Lichtstrahlen erst hinter der Netzhaut treffen würden. Zur Korrektur wird eine zusätzliche Linse verwendet (Brille oder Kontaktlinse), die die Lichtstrahlen zusätzlich bricht (konvexe Linse) und den Brennpunkt nach vorne auf die Ebene der Netzhaut verschiebt.

3

a) z. B.: Auf Papier wird als Testfigur ein Kreis mit einer kleinen Lücke gezeichnet. Das Papier kann so gehalten werden, dass die Lücke entweder oben, unten, rechts oder links zu sehen ist. Der Versuchsperson wird das Papier in Stufen immer näher an das Auge herangeführt, bis die Unterscheidung nicht mehr richtig gemacht wird. Der Abstand, bei dem die Figur gerade noch richtig erkannt wird, gibt die Nahpunktentfernung an.
b) –

4

Beim Beobachten des Fisches vom Uferrand aus, schaut man schräg von oben auf das Wasser. Die Lichtstrahlen werden dabei an der Wasseroberfläche, der Grenze zwischen zwei unterschiedlich dichten Medien, gebrochen (Abb. 2a). Dadurch erscheint der Fisch näher als er in Wirklichkeit ist; dementsprechend wird der Speer zu weit vorne in das Wasser gestoßen und verfehlt das Ziel. Um die Trefferwahrscheinlichkeit zu erhöhen, müsste man auf einen Punkt etwas hinter dem Bild des Fisches im Wasser zielen.

2.4 Die optische Wahrnehmung

Kontraste sehen	1 Abb. 1,6
Erkennen von Figuren mit dem Gehirn	2 Abb. 5,7
Erfahrungswerte bei der Wahrnehmung	3 Abb. 3,4
Räumliches Sehen	2

1

Ohne Auflegen des Stiftes sieht man einen gleichmäßig grauen Kreis vor einem Hintergrund, der links schwarz ist und rechts weiß. Wenn ein Stift auf die Grenzfläche zwischen hell und dunkel gelegt wird, so erscheint der graue Halbkreis vor schwarzem Hintergrund plötzlich heller als der graue Halbkreis vor weißem Hintergrund. Der Stift trennt die beiden Hälften des Bildes und bewirkt, dass der Kreis nicht mehr als Einheit wahrgenommen wird. Das Gehirn verstärkt zur Wahrnehmung Helligkeitskontraste zwischen Objekt und Hintergrund: Das Grau vor Schwarz ist heller als sein Hintergrund und wird durch die Kontrastverstärkung des Gehirns noch heller wahrgenommen. Das Grau vor Weiß ist dunkler als sein Hintergrund und wird durch die Kontrastverstärkung des Gehirns noch dunkler wahrgenommen.
Diese Kontrastverstärkung des Gehirns findet nicht statt, wenn der Kreis ohne Unterbrechung als Einheit gesehen wird (ohne Stift), da unsere Erfahrung uns sagt, dass ein durchgehender Kreis eine einheitliche Farbe hat, unabhängig vom Hintergrund.

2

a) In Ausgangslage ist eine Ansammlung schwarzer Flecken zu sehen, die keine erkennbare Figur darstellen. Nach Drehen um 180° wird das Fleckenmuster als ein sitzender schwarz-weiß gefleckter Hund erkannt. Unser Gehirn konstruiert aus dem unvollständigen Sinneseindruck eine sinnvolle Figur, die wir aus unserer Erfahrung kennen.
b) Mit etwas Anstrengung kann auch in der Ausgangslage ein auf den Kopf gedrehtes Bild eines sitzenden Hundes gesehen werden. Hat man einmal das Bild des Hundes im Kopf, sieht man es immer wieder in dem Fleckenmuster und kann die ursprüngliche Wahrnehmung sinnloser schwarzer Flecken nicht wiederherstellen. Die Erfahrung und das Wissen beeinflussen jetzt die Wahrnehmung.

3

Die Abbildung 4 zeigt eine Figur, die unseren Erfahrungen widerspricht: Betrachtet man den rechten Teil, so interpretiert unser Gehirn die gezeichneten Linien als einen U-förmigen Gegenstand, dessen zwei Arme nach links gerichtet sind. Betrachtet man den linken Teil der Figur, so sieht man drei Stäbe von rechts nach links kommend; aus den anfänglich zwei Armen rechts sind links drei geworden. Eine solche Figur widerspricht unseren Erfahrungen und ist nicht logisch. Sie zeigt, dass unser Gehirn bei der Konstruktion eines Bildes aus geringer Information (wenige schwarze Linien) eine best mögliche Interpretation liefert, die in diesem Fall kein Ergebnis bringt, dass mit unserem Wissen und unserer Erfahrung vereinbar ist und uns daher irritiert.

2.5 Tiere sehen anders

Wiederholung des Linsenauges, Besonderheiten des Eulenauges	1 Abb. 1,3
Bau und Funktion des Komplexauges	Abb. 2
Vergleich Linsenauge – Komplexauge	2 Abb. 1,2
Farbensehen bei Mensch und Biene	3 Abb. 4,5

1

Das Auge der Eule ist im Verhältnis zum Körper groß und hat eine sehr große Pupille. Auf der Netzhaut befinden sich fast nur Stäbchen. Die Stäbchen stehen sehr dicht beieinander und die Signale mehrerer Stäbchen werden zusammenaddiert an das Gehirn weitergeleitet. Das Auge der Eule ist so an die Lebensweise in der Nacht angepasst, und das wenige Licht wird optimal zur Wahrnehmung ausgenutzt: Die Größe von Auge und Pupille ermöglichen den Einfall von viel Licht, die empfindlichen Stäbchen reagieren schon bei geringer Lichtintensität und durch das Zusammenfassen der Information mehrerer, dicht stehender Sinneszellen und deren Verarbeitung im Gehirn wird eine höhere Signalstärke erreicht.

2

a)

	Linsenauge	**Komplexauge**
grundsätzlicher Aufbau	ein großes Auge, auf dessen Netzhaut das gesamte Bild der Umgebung entsteht, das Gehirn setzt die Bilder beider Augen zum Gesamteindruck zusammen	viele Einzelaugen, deren punktförmige Informationen im Gehirn zu einem Bild zusammengesetzt werden
wichtige Teile	Hornhaut, Linse (veränderbar zur Akkommodation), Glaskörper, Netzhaut mit vielen Sinneszellen	im Einzelauge: Linse, Glaskörper, Sinneszelle
Sehschärfe	hoch	gering
Bewegungswahrnehmung	eher langsam	sehr schnell
Farbensehen	je nach Sinneszell-(Zapfen-) Typen	je nach Sinneszell-Typen

b) Wenn bei einem Komplexauge einige Einzelaugen verletzt werden, fehlt ein Teil der Information zur Konstruktion des Bildes, und ein Ausschnitt aus der der Umgebung kann nicht gesehen werden. Im Beispiel in Abb. 2 entstünde beispielsweise die Wahrnehmung einer Lücke in der Kerze. Allerdings kann es sein, dass auch im Gehirn von Insekten fehlende Information nach bestimmten Kriterien ersetzt wird, zumal wenn die Einzelaugen im anderen Komplexauge, auf die Licht des selben Gegenstandes trifft, noch intakt sind.

3

Die Sinneszellen des Menschen sind für rotes, grünes und blaues Licht empfindlich, die der Biene für gelbes, blaues und UV-Licht (Abb. 4). Die in Abb. 5 oben gezeigte Blüte reflektiert alle Anteile des weißen Lichts, die für den Menschen wahrnehmbar sind (rot, grün, blau) und erscheint uns daher weiß. Was wir nicht sehen, ist, dass der UV-Anteil des Lichts absorbiert wird. Die Biene registriert das reflektierte blaue und gelbe Licht und das Fehlen des absorbierten UV-Anteils und nimmt die Blüte bläulich wahr.

In der unteren Abbildung sehen wir die Blüte rot, da alle anderen für uns sichtbaren Anteile des weißen Lichts absorbiert werden. Die Biene kann dieses rote Licht nicht wahrnehmen, da sie keine für rot empfindlichen Sinneszellen besitzt, allerdings registriert sie, dass auch UV-Licht reflektiert wird, die Blüte hat für die Biene daher die Farbe „UV".

Das Beispiel zeigt, dass die Wahrnehmung der Umwelt abhängig ist von der Funktionsweise der Sinneszellen und sich zwischen verschiedenen Tieren unterscheidet.

2.6 Grundlagen des Hörvorgangs

Aufbau des Ohrs	Abb. 1
Was ist Schall	2a Abb. 5,6
Richtungshören	1 Abb. 2,3
Gefahren durch große Lautstärke	2b Abb. 4,5,6

1

a) Die Schallgeschwindigkeit in Luft beträgt 331 m/s, d.h. 33100 cm/s, d.h. ein cm wird in 0,00003 s., also 0,03 ms zurückgelegt.
Wenn mit dem Stab 1 cm links oder rechts von der Schlauchmitte geschlagen wird, bedeutet dies eine Entfernungsdifferenz zwischen den beiden Ohren von 2 cm. Der Schall kommt an dem einen Ohr also 0,06 ms früher an als an dem anderen Ohr und dieser kleine Zeitunterschied wird vom Gehirn als Richtungsinformation wahrgenommen.

b) Im Wasser ist die Schallgeschwindigkeit viel höher als in der Luft (Luft: 331 m/s, Wasser: 1480 m/s). Zum Richtungshören werden Zeitunterschiede im Eintreffen des Schalls an den beiden Ohren ausgenutzt. Da sich der Schall unter Wasser so schnell ausbreitet, ist die Zeitdifferenz der Signale aus beiden Ohren zu klein um wahrgenommen zu werden und Richtungshören ist nicht möglich.

2

a) Eine Erhöhung um 20 dB bedeutet eine Zunahme des Schalldrucks um das Zehnfache.
Einer Zunahme der Schallintensität um 60 dB entspricht eine Erhöhung des Schalldrucks um das 1000fache.
b) Der Hörschaden ist auf einen bestimmten Frequenzbereich begrenzt: Tiefe Töne mit Frequenzen unter 0,5 kHz und sehr hohe Töne mit Frequenzen über 12 kHz werden normal wahrgenommen. Am größten ist der Hörverlust für Töne mit Frequenzen zwischen 3 und 4 kHz, hier beträgt er fast 50 dB. Das bedeutet, dass ein Ton 50 dB lauter sein muss, sein Schalldruck also mehr als 100-mal höher sein muss als für gesunde Personen, um wahrgenommen zu werden.

2.7 Gleichgewicht

Funktion des Lagesinnesorgans	3 Abb. 1
Funktion des Drehsinnesorgans	1 Abb. 1,2
Versuch mit dem Drehstuhl	2b Abb. 4,5,6

1

a) Bei Dreh-Bewegung des Kopfes im Uhrzeigersinn dreht sich auch der Bogengang. Die Flüssigkeit im Inneren des Bogengangs bleibt aufgrund ihrer Trägheit gegenüber der Bewegung zurück, verschiebt sich also relativ zum Knochen in die entgegengesetzte Richtung gegen den Uhrzeigersinn. Diese Strömung verschiebt die Gallertmasse und damit die haarförmigen Fortsätze der Sinneszellen in der Ampulle, die dadurch aktiviert werden.

b)

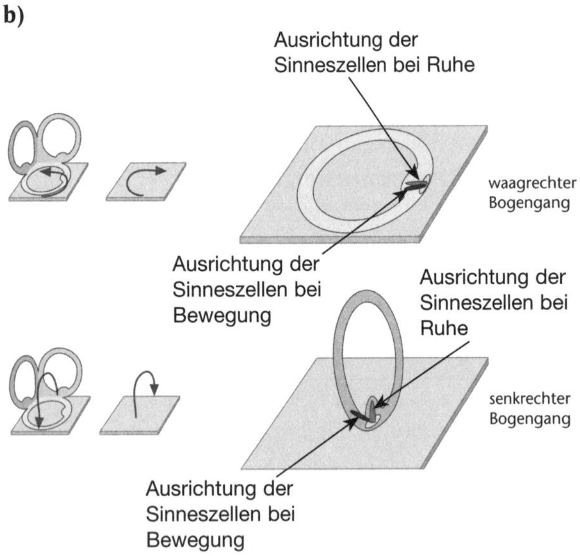

Erklärung zu Abb. 2b entsprechend zu Aufgabe 1 a), hier ist die Bewegungsrichtung entgegengesetzt.
Erklärung zu Abb. 2c: Auch für den senkrecht stehenden Bogengang gilt dasselbe: Bei Kippen des Kopfes verschiebt sich die Flüssigkeit im Bogengang relativ zum sich bewegenden Bogengang in die entgegengesetzte Richtung, es kommt zur Auslenkung der Sinneszellfortsätze und damit zur Reizung.
c) Bei Bewegung des Kopfes diagonal zu den drei Bogengängen kommt es zur Flüssigkeitsbewegung in allen drei Bogengängen, und in allen Ampullen werden Sinneszellen gereizt. Das Gehirn verrechnet die Reizung in den Bogengängen aller drei Raumrichtungen zur resultierenden diagonalen Gesamtrichtung.

2

–

3

Die vom Lagesinnesorgan vermittelte Information über die Lage des Körpers im Raum wird immer mit Informationen aus den Augen abgeglichen. Im natürlichen Fall stimmen beide Informationen überein: Bei waagrechter Lage des Fisches kommt Licht von oben, also von der Rückenseite. Auch in der künstlichen Situation des von unten beleuchteten Aquariums nimmt der Fisch seine normale Lageposition ein, die durch das Labyrinth erhaltene Information scheint über die dieser widersprechenden Information aus den Augen zu dominieren. Wenn allerdings das Labyrinth entfernt wird, kann der Fisch Information über seine Lage im Raum nur noch über die Augen erhalten. Er passt seine Lage in der Weise an, dass Licht von der Rückenseite (scheinbar oben, real: unten) kommt und schwimmt daher mit dem Bauch nach oben.

3 Hormone

3.1 Hormone als Informationsträger

Impuls: Wie erfolgt das Längenwachstum	Abb. 1
Die Wirkungsweise von Auxin	1 Abb. 2
Erforschung der Wirkungsweise von Auxin	3 Abb. 4
Einsatz von Hormonen am Beispiel Fruchtreife	2 Abb. 3
Hormonwirkung bei Tieren am Beispiel der Insektenhäutung	4 Abb. 5

1

a)

Auxin bindet an Rezeptor in der Zellmembran

↓

Rezeptorbindung löst Bildung eines sekundären Botenstoffs aus

↓

Sekundärer Botenstoff löst Wirkung in der Zelle aus:

↙ ↓ ↘

Herstellung von Membran- und Zellwandbausteinen	Auflockerung der Zellwand	Einbau von Membran- und Zellwandbausteinen

↘ ↓ ↙

Streckungswachstum der Zelle

b) Für verschiedene Hormone hat die Pflanze verschiedene Rezeptoren, die sich nur an bestimmten Zellen befinden (= Zielzellen). Die Spezifität der Hormon-Rezeptor-Bindung ermöglicht parallel Wirkungen verschiedener Hormone, vorausgesetzt die sekundären Botenstoffe unterscheiden sich, oder die durch sie hervorgerufene Wirkung ist in den verschiedenen Zielzellen unterschiedlich.

2

Die Bananen werden unreif geerntet, den langen Transportweg über können sie so gut gelagert werden. Kurz vor der Ankunft werden sie mit Ethen begast. Ethen löst die Fruchtreifung aus und die Bananen sind so kontrollierbar genau zum Zeitpunkt des Verkaufs im Supermarkt reif.

3

Die dargestellten Experimente dienen zum Nachweis dafür, dass das Pflanzenhormon, das Streckungswachstum auslöst (Auxin), in der Sprossspitze des Keimlings gebildet wird.
In Versuch a wird die Sprossspitze des Keimling abgetrennt und auf einen Gelatineblock gesetzt. Nach einiger Zeit wird der Gelatineblock auf den verbleibenden Rest des Keimlings aufgesetzt. Es kommt zum Streckungswachstum. Offensichtlich sind Stoffe aus der Keimlingspitze in den Gelatineblock und anschließend von dort in den Keimling gelangt (Diffusion), und haben das Streckungswachstum ausgelöst. In Versuch b wird die Keimlingsspitze entfernt und ein nicht behandelter Gelatineblock aufgesetzt. Das Wachstum bleibt aus. Somit ist gezeigt, dass der Stoff, der Streckungswachstum auslöst, wirklich aus der Keimlingsspitze stammt.

4

Ein plötzlicher Anstieg der Ecdyson-Konzentration löst im Insekt die Häutung aus. Das Ergebnis der Häutung ist aber abhängig von der Konzentration an Juvenilhormon, die mit der Zeit stark abnimmt: Zu Beginn der Entwicklung ist die Juvenilhormonkonzentration sehr hoch und es entwickeln sich Larven. Mit abnehmender Konzentration an Juvenilhormon entstehen die späteren Larvenstadien und schließlich, bei niedriger Juvenilhormonkonzentration, ist das Ergebnis der Häutung die Puppe. Bei noch niedrigerer Konzentration entwickelt sich schließlich die Imago-Form des Insekts. In der Imago nimmt dann die Juvenilhormonkonzentration wieder zu, es wird aber kein Ecdyson mehr gebildet, das eine Häutung auslösen würde.

3.2 Hormonsystem im Überblick

Was sind Hormone?	
Beispiele wichtiger Hormondrüsen, Hormone und ihrer Wirkung	Abb. 1
Allgemein: Die fünf Ebenen der Hormonwirkung	1 Abb. 2
Warum wirken Hormone nur auf bestimmte Zellen? – Das Schlüssel-Schloss-Prinzip	2 Abb. 7
Wachstumshormone	4 Abb. 3 3 Abb. 5

1

Ebene I: Das Gehirn erhält Informationen über die Sinne. Nervensystem und Hormonsystem arbeiten eng zusammen, sodass äußere Reize hormonelle Reaktionen beeinflussen können.

Ebene II: Die Verbindungsstelle zwischen dem Nervensystem und dem Hormonsystem ist der Hypothalamus. Dieser besitzt für die anderen Hormondrüsen eine übergeordnete Funktion. Der Hypothalamus produziert Hormone, die die Freisetzung weiterer Hormone aus der Hypophyse beeinflussen.

Ebene III: Die Hypophyse produziert Hormone, die direkt auf die Zielzellen in bestimmten Organen wirken (Somatotropin, Prolactin). Außerdem werden Hormone gebildet, die andere Hormondrüsen im Körper anregen, ihrerseits Hormone zu bilden (FSH, Thyreotropin, ACTH).

Ebene IV: Die Hormondrüsen bilden spezifische Hormone. Diese Botenstoffe werden in das Blut abgegeben und so im ganzen Körper verteilt.

Ebene V: Jedes Hormon wirkt nur auf spezielle Zellen in bestimmten Organen. Diese Zellen nennt man Zielzellen.

Hinweis: ACTH wird im Grundwissentext nicht genannt. Aus Abbildung 2 lässt sich erschließen, dass ACTH eine Hormonbildung in den Nebennieren bewirkt.

2

a) Abbildung 4 zeigt jeweils eine Zelle unterschiedlicher Hormondrüsen (A–D). Die spezifische Struktur der Hormonmoleküle ist schematisch veranschaulicht:
Hormon A: kreisförmig
Hormon B: sternförmig
Hormon C: dreieckig
Hormon D: quadratisch
Die Hormone A–D werden in ein Blutgefäß abgegeben und gelangen so zu den Zielzellen (1–4).
Die Zielzellen 1–4 besitzen wie ein Schloss passgenaue Rezeptoren auf ihren Zellmembranen. Nur solche Hormonmoleküle, deren Struktur wie ein Schlüssel exakt in diese Rezeptoren passen, können dort andocken und damit ihre Wirkung entfalten.
b) Hormon A: passt zum Rezeptor der Zielzelle 3
Hormon B: passt an keinen der abgebildeten Rezeptoren (auch nicht an Rezeptor 2)
Hormon C: passt zum Rezeptor der Zielzelle 2
Hormon D: passt zum Rezeptor der Zielzelle 1
Der Rezeptor der Zielzelle 4 passt zu keinem der hier abgebildeten Hormonmoleküle
Hinweis: Zur Vereinfachung sind die Strukturen nur zweidimensional angegeben.

3

Die Hypophyse produziert das Wachstumshormon Somatotropin (Abb. 1, 2). Bei einer Tumorerkrankung ist die Anzahl der hormonproduzierenden Zellen deutlich erhöht. Allgemein sind Regulationsprozesse gestört.
Hypothese: Durch die Tumorerkrankung wird die Konzentration der Somatotropinmoleküle erhöht. Dadurch erhalten mehr Zielzellen die Information zur Wirkungsentfaltung: Die Folge ist ein gesteigertes Körperwachstum.
Das immer noch anhaltende Körperwachstum im Erwachsenenalter lässt vermuten, dass die Somatotropin produzierenden Zellen der Hypophyse immer noch eine gesteigerte Aktivität aufweisen.

4

Bis zur Entfernung der Wachstumshormonzellen in der Hypophyse zeigen alle Versuchstiere ein gleichmäßiges Körperwachstum. Die Gruppe der Versuchstiere

mit zerstörten Hypophysenzellen bleibt klein, während diejenigen Versuchstiere, die mit Wachstumshormonen behandelt wurden, ein nahezu gleichmäßiges Körperwachstum zeigen.
Die Versuchsergebnisse belegen eindeutig die ursächliche Wirkung der Somatotropin produzierenden Zellen der Hypophyse für die Entwicklung der Körperlänge bei Ratten. Gleichzeitig zeigt das Versuchsergebnis, dass eine wirkungsvolle Behandlung mit Wachstumshormonen möglich ist.

Anmerkung: Ein Rückbezug zu Aufgabe 3 wäre denkbar: Die Experimente in Abbildung 5 zeigen eindeutig die Wirkung der Wachstumshormone der Hypophyse. Ließe sich dieses Tiermodell auf den Menschen übertragen, wäre eine Verifizierung der Hypothese aus Aufgabe 3 möglich.

M Steuerung und Regelung

Der Lachkoller, Beispiel für positive Rückkopplung	Abb. 1
Vergleich: negative Rückkopplung	Abb. 2
Regelungsvorgänge als Regelkreis: Erarbeitung am Beispiel der Temperaturregelung. Verallgemeinerung	Abb. 3,4
Pfeildiagramme: • Wut und Aggression • Minderwertigkeitskomplex • Körpertemperatur	1 Abb. 1,2

1

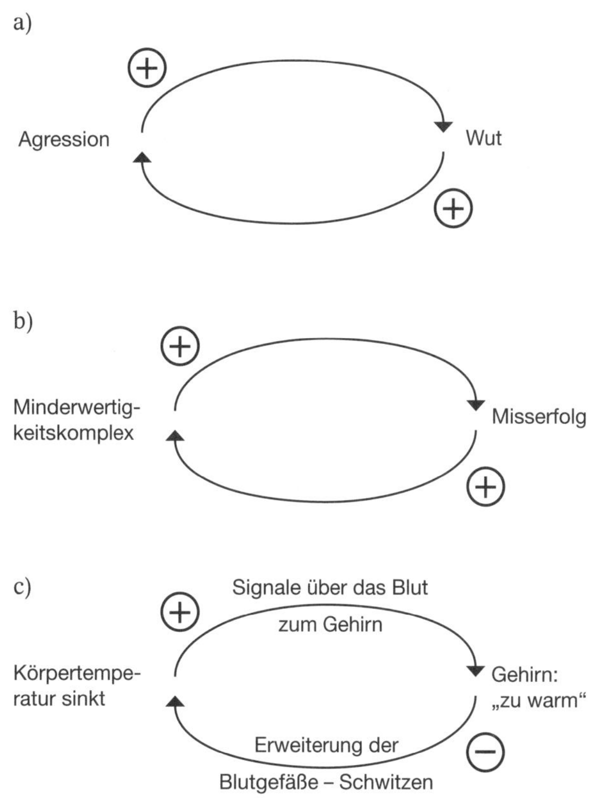

3.3 Die Schilddrüse

Funktion der Schilddrüse Welche Bedeutung hat die Schilddrüse in der hormonellen Hierarchie?	Abb. 1
Kurzvortrag	1 Abb. 1
Störungen der Regulation: • Fehlende Synthese aus den Vorstufen • Defekte Rezeptoren in den Zielzellen • Defekte Rezeptoren der Schilddrüsenzellen • Defekte Rezeptoren in den Zielzellen • Defekte Rezeptoren im Hypothalamus und in der Hypophyse	2 Abb. 1,2
Transfer und Wissenschaftspropädeutik: Thyroxin und die Metamorphose bei Fröschen	3 Abb. 3

1

Vielfältige Möglichkeiten zur Planung und Durchführung eines methodisch strukturierten Kurzvortrags. Die zeitliche Vorgabe zielt auf die Herausarbeitung des Wesentlichen. Ein geeigneter Einstieg weckt die Aufmerksamkeit und Motivation der Zuhörer, die Strukturierung dient dem Verständnis, ebenso wie die Visualisierung über die Abbildung. Die gemeinsame Besprechung ist Teil des Methodentrainings.

2

1) In der Schilddrüse kann das Hormon nicht aus den Vorstufen synthetisiert werden:
Thyroxin fehlt, es liegt damit eine Unterfunktion vor. Es fehlt die Wirkung auf die Zielzellen, auch die negative Rückkopplung fällt aus.
2) Der Rezeptor der Zielzelle ist defekt: Die Schilddrüse funktioniert normal und bildet Thyroxin. In den Zielzellen löst dieses aber aufgrund des fehlenden Rezeptors keine Wirkung aus, eine Vermehrung der Stoffaufnahme und eine Erhöhung des Energiestoffwechsels bleiben aus. Die Auswirkungen ähneln daher einer Schilddrüsen-Unterfunktion.
3) Der Rezeptor in der Membran der Schilddrüsenzelle ist defekt: Unabhängig davon, ob das Hypophysen-Hormon vorhanden ist oder nicht, wird laufend die Signalkette zur Bildung des Hormons gestartet: Thyroxin wird dauernd produziert, auch die negative Rückkopplung auf den Hypothalamus und die Hypophyse wird jeweils verstärkt. Es liegt eine Überfunktion vor.
4) Die Rezeptoren für das Schilddrüsenhormon im Hypothalamus und in der Hypophyse sind defekt: Die negative Rückkopplung fehlt sowohl im Hypothalamus als auch in der Hypophyse. Durch den Ausfall dieser Regelung führt die unbeeinflusste Signalkette zu einer erhöhten Produktion von Thyroxin. Eine Überfunktion liegt vor.

3

1. Experiment: Ohne operativen Eingriff und ohne Hormonzusatz findet die normale Metamorphose statt (Kontrollversuch).
2. Experiment: Die Hypophyse wird entfernt. In der hormonellen Hierarchie entfällt in der zweiten Ebene die Bildung von TSH, sodass auch Thyroxin nicht gebildet wird. Eine Metamorphose findet nicht statt.
3. Experiment: Die Schilddrüse wird entfernt. In der dritten Ebene der hormonellen Hierarchie bleibt TSH wirkungslos. Thyroxin wird nicht gebildet. Eine Metamorphose findet nicht statt.
4. Experiment: Hypophyse und Schilddrüse werden entfernt. Durch die Zugabe von Thyroxin kann das Hormon an den Zielzellen wirken und die Metamorphose findet statt.
5. Experiment: Hypophyse und Schilddrüse werden entfernt. Durch die Zugabe von TSH wird die Metamorphose nicht ausgelöst. Es fehlen die Zellen der Schilddrüse zur Produktion von Thyroxin.
6. Experiment: Die Hypophyse wird entfernt. TSH wird zugegeben. Da die Schilddrüse verbleibt, kann TSH dort die Folgereaktionen auslösen, sodass Thyroxin gebildet wird. Es findet eine Metamorphose statt.

Bereits im Jahre 1912 fand man heraus, dass sich die Metamorphose von Kaulquappen erheblich beschleunigte, wenn man Schilddrüsengewebe an sie verfütterte. Da das Schilddrüsengewebe das iodhaltige Hormon Thyroxin enthält, lässt sich die Hypothese aufstellen, dass die Metamorphose durch dieses Hormon bewirkt wird. Die

Hypothese lässt sich dadurch bestätigen, dass durch die direkte Verabreichung des Hormons die Metamorphose auch bei entfernter Schilddrüse auslösbar ist (Exp. 4). Die Metamorphose unterbleibt jedoch auch bei intakter Schilddrüse, wenn die Hypophyse entfernt ist. Vom Menschen ist bekannt, dass die Zellen der Schilddrüse Thyroxin erst dann produzieren, wenn TSH als Produkt von Zellen der Hypophyse vorhanden ist. Dieser Zusammenhang besteht auch beim Frosch. So erfolgt im Experiment auch bei entfernter Hypophyse durch die direkte Verabreichung von TSH die vollständige Metamorphose (Exp. 6).
Bei einem weiteren Vergleich der Hierarchie der Hormondrüsen am Beispiel der Schilddrüse beim Menschen lässt sich weiterhin vermuten, dass der Hypothalamus die übergeordnete Ebene in der Thyroxinproduktion auch beim Frosch einnimmt.

3.4 Regelung des Blutzuckerspiegels

Beispiele aus der Werbung im Kontext „Zucker und Energie": Was passiert im Körper?	
Regelung des Blutzuckerspiegels	Abb. 2
Zuordnungen der Beschreibungen zu den physiologischen Abläufen im Schema	1 Abb. 1,2
Einflüsse auf den Blutzuckerspiegel: • Zufuhr von Glucose (Schokolade, „Milchschnitte") • Diabetes Typ I • Diabetes Typ II • Mangel an Glukagon • Adrenalin und Stress	2 Abb. 1,2
Regulation: Pfeildiagramm am Beispiel der Regulation des Blutzuckerspiegels	3 Abb. 3

1

A:
1 Anstieg der Blutzuckerkonzentration, zum Beispiel nach einer kohlenhydrathaltigen Mahlzeit
B:
8 Die Zellen der Bauchspeicheldrüse geben Insulin in das Blut ab.
C, D:
9 Die Leber- und Muskelzellen nehmen mehr Glucose auf.
D:
3 Die Leberzellen nehmen Glucose auf und speichern sie als Glykogen.
E:
7 Der Blutzuckerspiegel sinkt auf den Normalwert; die Insulinabgabe lässt nach.
F:
4 erniedrigter Blutzuckerspiegel, z. B. durch Auslassen von Mahlzeiten
G:
6 Die Zellen der Bauchspeicheldrüse geben Glukagon in das Blut ab.
H:
2 Die Leberzellen bauen Glykogen ab und geben Glucose in das Blut ab.
I:
5 Der Blutzuckerspiegel steigt auf den Normalwert; die Abgabe von Glukagon lässt nach.

2

a: Glucose gelangt nach der Verdauung der kohlenhydrathaltigen Schokolade in das Blut. Der Blutzuckerspiegel (die Blutglucosekonzentration) wird dadurch zunächst erhöht. Zellen der Bauchspeicheldrüse werden angeregt, Insulin zu bilden. Insulin gelangt mit dem Blut zu allen Zellen, bindet dort an passgenaue Rezeptoren und bewirkt so die Durchlässigkeit der Membran für Glucose. Im Zellinneren dient Glucose als Ausgangsstoff für die Zellatmung, in Zellen der Leber und der Muskulatur bewirkt Insulin auch die Umwandlung von Glucose in Glykogen. Es entsteht ein Gleichgewicht, sodass der natürliche Blutzuckerspiegel von etwa 100 Milligramm Glucose pro 10 Milligramm Blut wieder erreicht wird.

b: Ohne das Hormon Insulin ist der Transport von Glucose in das Zellinnere fast nicht möglich. Auch die Bildung von Glykogen ist stark eingeschränkt. In der Folge bleibt der Blutzuckerspiegel dauerhaft erhöht.

c: Beim Diabetes Typ II können die Zellen der Bauchspeicheldrüse zunächst noch ausreichend Insulin produzieren, allerdings ist die Anzahl der Insulinrezeptoren reduziert. Dadurch gelangen nur wenige Glucosemoleküle durch die Zellmembran in das Zellinnere. Der Blutzuckerspiegel bleibt dauerhaft erhöht.

d: Glucagon, bewirkt die Umwandlung von Glycogen in Glucose; ist ein Gegenspieler zu Insulin. Wird Glucagon in zu geringer Menge gebildet, bleibt der Blutzuckerspiegel dauerhaft erniedrigt.

e: Die Hormone Insulin und Adrenalin sind Gegenspieler (Antagonisten). Adrenalin bewirkt die schnelle Freisetzung von Glucose aus den Glykogenspeichern der Leber und der Muskelzellen. Eine Stressreaktion versetzt den Menschen schnell in einen Zustand erhöhter Leistungsbereitschaft. Der Blutzuckerspiegel bleibt für die Dauer der Stressreaktion erhöht.

3

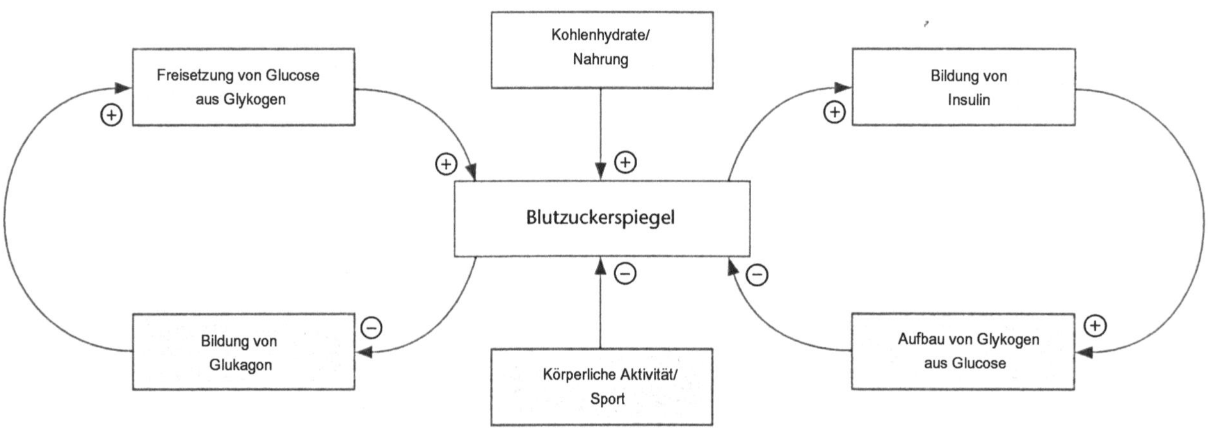

3.5 Stress: Sinne, Nerven und Hormone arbeiten zusammen

Was ist Stress?

Stresssituationen früher und heute – Reaktion zur Leistungssteigerung	**1** Abb. 1

Ablauf der Stressreaktion	**2** Abb. 2,3

Nützlicher und schädlicher Stress: Eustress und Distress	**3**

1

Beispiele für Stresssituationen in der Steinzeit:
- Flucht in Notsituationen
- Kampf in Notsituationen
- Die Familie muss ständig geschützt werden
- Bei der Jagd müssen Tiere getötet werden
- Ständige Aufmerksamkeit bei der Nahrungssuche

Beispiele für Stresssituationen im heutigen Alltag:
- Gefahrensituationen im Straßenverkehr
- Konflikte, Termindruck und Forderungen im Berufs- oder Schulleben
- Probleme in Familie oder Partnerschaft
- Trennungen in Familie oder Partnerschaft
- Trennung durch Tod
- Schwere Erkrankungen
- Mobbing
- Soziale Diskriminierung, Armut

2

Reiz, Auge, Gehör, Alarm
↓
Großhirn
↓
Limbisches System
↓
Gefühl (Angst), Nervenimpulse
↓
Hypothalamus
↙ ↘

Linker Zweig:

Sympatikusnerven
↓
Herz, Blutgefäße, Nebennierenmark
↓
Adrenalin, Noradrenalin
↓
Glucosefreisetzung (Leber und Skelettmuskeln)
↓
Zellatmung zur Energiegewinnung für Muskelaktivität

Rechter Zweig:

Hypophyse
↓
Schilddrüse, Nebennierenrinde
↓
Cortisol
↓
Blutbildendes Gewebe: Ausschwemmung roter Blutkörperchen, Beschleunigung der Blutgerinnung
↓
Hemmung von Verdauungsprozessen, Entzündungen und Sexualfunktion

4 Suchtgefahren und Gesundheit

4.1 Sucht ist vielfältig

Merkmale von Drogen- und Verhaltenssüchten	4 Abb. 1
Umgang mit Alltagsproblemen	1 2 Abb. 2
Wie fühlt sich ein Süchtiger?	3 Abb. 3

1

a) Es sind verschiedene Antworten möglich. Wichtig ist, dass die Schüler zum Nachdenken über ihr eigenes Verhalten angeregt werden.

b) Auch hier stehen nicht bestimmte Antworten im Vordergrund, sondern die gemeinsame Suche nach alternativen Handlungsweisen. Hierzu können z. B. gehören: Fußball spielen, Musik machen, sich mit Freunden treffen oder bei Projekten von Greenpeace, DRK usw. mitmachen.

2

Ausweichendes Verhalten meint das Vermeiden der direkten Auseinandersetzung mit zum Teil ganz alltäglichen Problemen, wie z. B. dem Erledigen der Hausaufgaben oder dem Aufräumen des Zimmers.

Sucht ist immer auch mit ausweichendem Verhalten verbunden. Es gibt viele Wege, Alltagsproblemen aus dem Weg zu gehen (vgl. 1a). Wer nicht lernt, dass man auch unangenehme Situationen durchstehen kann oder dass Streit zwischen Menschen manchmal notwendig und gewinnbringend sein kann, wird eher versuchen Problemen auszuweichen als jemand, der bereits früh in der direkten Auseinandersetzung mit Alltagsproblemen ein Verhaltensrepertoire entwickeln kann, mit dem er der Realität später sachlich und angemessen begegnen kann.

3

In diesem Text geht es vor allem um das mangelnde Selbstwertgefühl eines Drogenabhängigen. Der Abhängige empfindet aufgrund seines Kontrollverlustes, also der Unfähigkeit mit dem Trinken aufzuhören, eine wachsende Unfreiheit, die ihm anderen Menschen gegenüber peinlich ist. Er versucht zu verdrängen und den Kontakt mit anderen Menschen zu meiden. Die Folge ist eine zunehmende soziale Isolation, aus der er ohne Hilfe von außen kaum noch in die Gesellschaft zurückkehren kann.

4

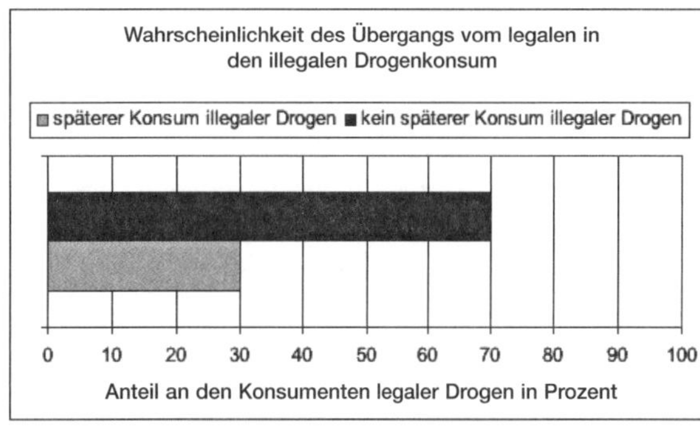

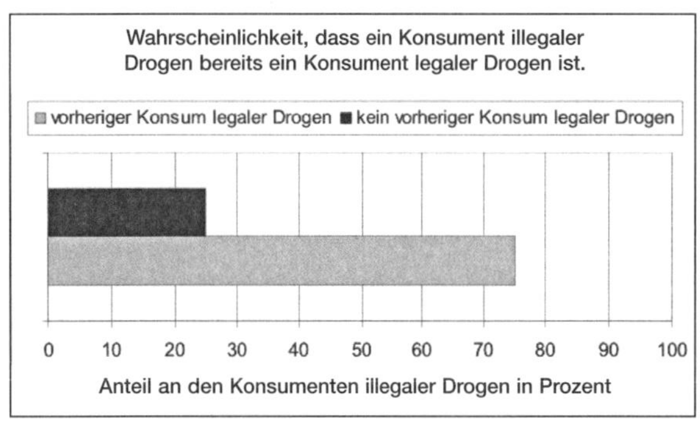

Es wird deutlich, dass der Konsum legaler Drogen neben dem Risiko der körperlichen und seelischen Abhängigkeit weitere Risiken birgt. Denn über 70 Prozent der Konsumenten illegaler Drogen sind über legale zu den illegalen Drogen gekommen. Legale Drogen wie Nikotin und Alkohol werden deshalb auch als Einstiegsdrogen bezeichnet. Sie sind die „Türöffner“ für illegale Drogen.

4.2 Entstehung von Drogensucht

Wege in die Sucht	1 4 Abb. 1

Zwei Modelle zur Entstehung einer Drogensucht	2 3 Abb. 2,3

1

Die Eisenbahnschienen könnten z. B. für den persönlichen Lebensweg stehen. Es gibt keinen Blick zurück, also keinen Weg zurück. Auf dem Weg werden von uns Entscheidungen verlangt. Diese Entscheidungen beeinflussen das spätere Leben häufig in radikaler Art und Weise. Sie werden durch die Weichen symbolisiert.
Die Eisenbahnschienen könnten auch für Starrheit stehen. Man kann einen einmal eingeschlagenen Weg, wenn überhaupt, nur sehr schwer wieder verlassen. So ist es auch bei der Entstehung einer Sucht. Auch hier stehen am Anfang Entscheidungen, die wir bewusst oder unbewusst treffen. Mehrere falsche Entscheidungen hintereinander können immer tiefer in eine Sucht führen.
Die Weichen könnten aber z. B. auch dafür stehen, dass wir selbst über unseren Lebensweg gar nicht so frei entscheiden können, wie wir dies wünschen. Die Weichen werden oft von anderen gestellt: den Eltern, dem sozialen Umfeld usw.

2

- Mensch: Max ist eigentlich eher schüchtern und zurückhaltend. Offensichtlich hat er Schwierigkeiten, seine Gefühle auszudrücken. Auch scheint er unter Minderwertigkeitsgefühlen zu leiden: „Ich wollte einfach immer ein cooler Typ sein."
- Mittel: Alkohol bewirkt, dass Max seine Schüchternheit verliert und aufgedreht wird. Alkohol hilft Max beim Verdrängen seiner Alltagsprobleme.
- Milieu: Max wächst in einem sozialen Umfeld auf, in dem das Trinken alkoholischer Getränke offensichtlich selbstverständlich ist. Seine „Vorbilder" sind der Trainer, seine Freunde, seine Eltern. Zudem sind die Eltern oft nicht zu Hause, sodass er sich selbst überlassen ist und sein Alkoholkonsum nicht bemerkt wird.
- Markt: Selbst Jugendliche unter 16 Jahren kommen leicht an die Droge Alkohol: So spendiert der Trainer der B-Jugend-Mannschaft zwei Kisten Bier. Alkohol ist in Deutschland eine legale Droge und wird kulturell toleriert. Mit 16 Jahren dürfen Jugendliche Bier und ähnliche alkoholische Getränke kaufen und konsumieren. Doch auch jüngere Jugendliche können alkoholische Getränke oft ohne Probleme z. B. im Supermarkt einkaufen (Z. 27f.).

3

a) –
b) Im Rahmen des Eisberg-Modells verstehen wir jeden Menschen als einen Eisberg. Der größte Teil des Berges befindet sich unter Wasser. Er ist für die Mitmenschen also nicht sichtbar. Hier finden wir Gefühle, Abhängigkeiten von anderen Menschen, von bestimmten Werten und Normen, aber auch Beziehungen zu anderen Menschen und die Probleme, die es dabei gibt. Für alle sichtbar, ist nur die „Spitze des Eisbergs": die Sucht. Die ganz individuellen und sehr persönlichen Gründe, die einen Menschen süchtig gemacht haben, bleiben den meisten Menschen verborgen.
Ergänzt werden könnten Wörter wie z. B. Schüchternheit, mangelndes Selbstbewusstsein, negative Erlebnisse, mangelnde Problemlösefähigkeit.
c) Das Hauptproblem des Eisberg-Modell ist die Beschränkung auf die Person des Süchtigen. Die für die Entstehung einer Sucht wichtigen Aspekte, wie das soziale Umfeld und die Drogenart und ihre Wirkung, bleiben unberücksichtigt. Dies ist jedoch gleichzeitig auch die Stärke des Eisberg-Modells: Die Hilfe für den Süchtigen sollte zunächst beim Süchtigen selbst ansetzen. Dafür ist es notwendig, mehr über den „unsichtbaren Bereich" dieser Person zu erfahren. Das Eisberg-Modell bietet hierbei eine sinnvolle Hilfe. Außerdem kann es im Gegensatz zum 4M-Modell bei der Erklärung der Entstehung von Verhaltenssüchten helfen.

4

(Hier wird der Schwerpunkt der Betrachtung noch einmal auf die wichtige psychische Seite einer Sucht gelenkt.)

4.3 Die soziale Seite der Sucht

Gesellschaftliche Faktoren, die eine Sucht begünstigen	**1**
Nein sagen	**2 5**
Wie gehe ich mit Gruppenzwang um?	**3** Abb. 1
Die Gefährdung anderer: Alkohol im Straßenverkehr	**4** Abb. 2

1

A: 5–9, B: 10–16, C: 17–20, D: 25–29, E: 30–35, F: 36–41

2

–

3

–

4

a) Eigentlich spricht nichts für eine 0,5 Promille-Grenze. Höchstens die Tatsache, dass viele Medikamente, die die Verkehrstüchtigkeit des Patienten nicht beeinflussen, geringe Mengen Alkohol enthalten. Menschen, die auf die Einnahme dieser Medikamente angewiesen sind, dürften dann kein Auto mehr fahren.
b) Bei jugendlichen Fahranfängern nimmt die Fähigkeit zur Raumabschätzung bei Alkoholkonsum stärker ab als bei erwachsenen Fahrern (Abb. 2). Für die Sicherheit aller Verkehrsteilnehmer ist eine richtige Raumabschätzung jedoch unerlässlich.
Ein weiteres Risiko besteht dann, wenn sich Fahrer, die Alkohol getrunken haben, sicher fühlen, weil sie sich an dem Wert von 0,5 Promille orientieren. Dabei ist ihnen häufig nicht klar, dass auch bei einem Blutalkoholspiegel von unter 0,5 Promille alkoholbedingte Ausfallerscheinungen ihr eigenes Leben und das der anderen Verkehrsteilnehmer gefährden können.

5

–

4.4 Essstörungen – Magersucht und Ess-Brech-Sucht

Magersucht und Ess-Brech-Sucht (Bulimie)	**1 2** Abb. 1,2,4
Die Bedeutung von gesellschaftlichen Idealen und Werbung	**3** Abb. 3,5

1

- Biologische Bedingungen:
  - Es gibt Hinweise darauf, dass die Neigung zur Entwicklung einer Magersucht familiär gehäuft vorkommen könnte.
- Psychologische Bedingungen:
  - Mangelnde Fähigkeit zur Lösung von Konflikten
  - Konflikte innerhalb der Familie, die vor allem in der Pubertät einen wichtigen Einfluss auf die betroffenen Personen ausüben

- Gesellschaftliche Einflüsse:
  - In der Gesellschaft gelten schlanke Menschen als schön.
  - Das Schlankheitsideal wird durch Werbung und Medien bestätigt und verstärkt.
- Körperwahrnehmungsstörung:
  - Trotz zum Teil extremer Gewichtsabnahme halten sich Magersüchtige für zu dick.
- Verändertes Essverhalten:
  - Die Betroffenen vermeiden zu essen und essen nur noch geringste Nahrungsmengen.
- Gewichtsverlust:
  - Magersüchtige nehmen immer weiter ab.
- Körperliche Veränderungen:
  - Menstruation bleibt aus.
  - Der Blutdruck nimmt ab, der Herzschlag verlangsamt sich.
  - Die Körpertemperatur sinkt.
  - Es kann zu Hautproblemen, Haarausfall, Muskelschwäche sowie Vitamin- und Mineralsalzmangel kommen.
- Psychische Veränderungen:
  - Panische Reaktionen auf Gewichtszunahme im Grammbereich.
  - Die Kontrolle über das Körpergewicht erhöht das Selbstwertgefühl der Magersüchtigen.

2

a)
- Magersüchtige kontrollieren ihr Essverhalten und nehmen immer stärker ab.
- Ess-Brech-Süchtige dagegen haben nur noch wenig Kontrolle über ihr Essverhalten. Ihr Gewicht verändert sich kaum.

b)
- Kontrollverlust (Unfähigkeit mit dem Hungern bzw. dem Essen und Erbrechen aufzuhören)
- fehlende Einsicht in die Erkrankung
- Wiederholungszwang
- zunehmende soziale Isolation der Betroffenen

3

a) Das gesellschaftliche Schlankheitsideal hat sich seit 1948 offensichtlich verändert (Abb. 5). Heute ist schön, wer sehr schlank ist. Dieses Schönheitsideal kann insbesondere pubertierende Mädchen und junge Frauen unter den Druck setzen, diesem Ideal entsprechen zu müssen (Abb. 3). Diese Menschen sind besonders empfänglich für Einflüsse von außen, da sie bezüglich ihres Körpers unsicher sind. Gemeinsam mit den sich gerade während der Pubertät häufenden Konflikten mit den Eltern können diese Verunsicherungen zu einer gestörten Körperwahrnehmung führen (Abb. 2). Diese Bedingungen begünstigen die Entstehung einer Sucht.
b) Eine zunächst erfolgreiche Diät kann einem Menschen das Gefühl vermitteln, dass er die Kontrolle über sein Körpergewicht hat. Je mehr er dem gesellschaftlichen Ideal entspricht, desto selbstbewusster wird er. Nimmt der Mensch immer mehr ab, weil er dem gesellschaftlichen oder persönlichen Ideal noch näher kommen möchte, kann dies zu einem Kontrollverlust im Essverhalten führen: Spätestens jetzt liegt eine Essstörung vor.

4.5 Sucht und Gehirn

–

5 Grundlagen der Genetik

5.1 Die Bedeutung des Zellkerns

Versuche an Krallenfröschen	2	Abb. 4
Größe des Zellkerns	1	Abb. 1,2
Einfache Versuche mit Acetabularia	3	Abb. 3,5
Bekämpfung der Pest	4	Abb. 6

1

Bei einem Zellkerndurchmesser von 10 cm müsste der Mensch 14,444 km groß sein.

2

In Teilversuch a wurde ein unbefruchtetes Froschei mit ultravioletter Strahlung bestrahlt. Dadurch wurde der Zellkern zerstört und das Ei stirbt ab, da die Erbinformation zerstört ist (gespeichert im Zellkern).
In Teilversuch b wurde wie in a verfahren. Des Weiteren wurden einer Kaulquappe Darmzellen entnommen und aus diesen ein Zellkern isoliert. Dieser wurde in das kernlose Ei transplantiert. Dieses präparierte Ei entwickelte sich normal zu einer Kaulquappe und Frosch. Durch die Übertragung des Zellkerns ist die Erbinformation wieder vorhanden und die Zelle entwickelte sich normal. Möglich ist dies, weil alle Zellkerne die gleiche Erbinformation besitzen, unabhängig, ob der Zellkern (wie in diesem Fall) aus Darmwandzellen gewonnen wurde.

3

Eine junge, einzellige Alge vor der Schirmausbildung wurde in drei Teile geschnitten: Wurzelregion, Stiel und Schirmregion. Aus der Wurzelregion entwickelte sich eine vollständige neue Alge mit Schirm; der Stiel wuchs nicht weiter und aus der Schirmregion entwickelte sich ein neuer Schirm. Im Stiel befinden sich weder der Zellkern noch „bewegliche Moleküle“ (Grundwissentext), die die abgelesene Erbinformation enthalten. Dadurch kann der Stiel nicht weiter wachsen. Die „beweglichen Moleküle“ sind jedoch in der Schirmregion enthalten und können durch die Stoffwechselreaktionen zur Ausbildung des Schirms einleiten. Aus der Wurzelregion entwickelt sich eine normale Alge, da sie den Zellkern mit allen Erbinformationen besitzt.
Dies zeigt sich auch in Experiment b: Nach Überführung des Zellkerns aus der Wurzelregion in den Stiel kann auch dieser zu einer vollständigen Alge wachsen, da er die vollständige Erbinformation enthält.

4

Aus der Wurzelregion von Acetabularia crenulata kombiniert mit dem Stiel von Acetabularia mediterranea entwickelt sich der Schirm von Acetabularia mediterranea, da die „beweglichen Moleküle“ im Stiel bereits für die Ausprägung des Merkmals führen. Schneidet man davon den Schirm ab, entwickelt sich ein neuer Schirm, dessen Ausprägung zwischen den Merkmalen der beiden Schirme ist. Dies kommt durch das Vorhandensein „beweglicher Moleküle“ sowohl von Acetabularia mediterranea als auch von Acetabularia crenulata. Schneidet man den Schirm wieder ab, entwickelt sich ein Schirm mit den Merkmalen des Schirms von Acetabularia crenulata, da die Information für die Ausprägung jetzt ausschließlich aus dem Zellkern stammt.

5.2 Chromosomen und Karyogramm

–

5.3 Bau der DNA

Versuch: DNA aus Tomaten	1 Abb. 2
DNA als Kettenmolekül Doppelhelix-Struktur	Abb. 1
Nukleotide und Basensequenz Prinzip der Basenpaarung	2 (4) Abb. 1,3(4)
Daten zur DNA	3 Abb. 1

1

–

2

Die DNA aller Organismen (Tier, Pflanze, Bakterium, Virus) ist aus den gleichen Bestandteilen aufgebaut: aus Nukleotiden mit den Basen Adenin, Cytosin, Guanin und Thymin. Dabei entspricht der Anteil an Adenin immer dem an Thymin und der Anteil an Cytosin dem an Guanin. Die Basen dieser Paare sind zueinander komplementär. Das Verhältnis zwischen den Adenin-Thymin-Paaren und den Cytosin-Guanin-Paaren ist bei verschiedenen Lebewesen unterschiedlich.

3

Masse der gesamten DNA:
$(2 \times 10^{12}) \times 6$ pg = 12 g (1pg = 10^{-12}g)
Basenpaare insgesamt:
$(2 \times 10^{12}) \times (5500 \times 10^{6}) = 1{,}1 \times 10^{22}$
Abstand zwischen den Basenpaaren:
0,34 nm
Länge der gesamten DNA:
$(1{,}1 \times 10^{22}) \times 0{,}34$ nm $= 3{,}74 \times 10^{21}$ nm $= 3{,}75 \times 10^{12}$ m
$= 3{,}75 \times 10^{9}$ km

4

Thymin und Adenin sind durch zwei Wasserstoffbrücken miteinander verbunden, Cytosin und Guanin dagegen durch drei Wasserstoffbrücken. Die Verbindung zwischen Cytosin und Guanin ist daher stabiler und wird erst bei höheren Temperaturen aufgebrochen. DNA, die einen hohen Gehalt an Cytosin und Guanin hat, lässt sich deshalb erst mit höheren Temperaturen in seine Einzelstränge auftrennen.

5.4 Die Bedeutung der DNA

–

5.5 Die Vielfalt der Proteine

–

5.6 Gen – Protein – Merkmal

Genwirkketten	1 Abb. 1
Erforschung einer Genwirkkette	3 Abb. 3
Aussagen über Genwirkketten	2 Abb. 2

1

a) Die Genwirkkette für die Blütenfarbe der Gauklerblume besteht aus drei Genen und deren Genprodukten: Gen 1 enthält die Information für das Enzym 1, welches den Ausgangsstoff in das Zwischenprodukt 1 umwandelt. Gen 2 enthält die Information für das Enzym 2, das das Zwischenprodukt 1 in das Zwischenprodukt 2 (Blütenfarbstoff gelb) umwandelt. Im letzten Schritt dieser Genwirkkette wird das Zwischenprodukt 2 durch das Enzym 3 (Gen 3) in den Blütenfarbstoff 1 umgewandelt.
b) Die Blütenfarbe wäre dann gelb.

2

A: Der letzte Satz ist falsch, es muss heißen: Jedem Merkmal können *ein oder mehrere Gene* zugeordnet werden, [...]
B: Die Aussage ist falsch. Es kommt nicht darauf an, welche Merkmale bei den „Elternteilen" ausgebildet sind, sondern welche Gene zufällig vererbt wurden. Daraus resultiert dann die Merkmalsausbildung.
C: Fehlt ein Gen einer Genwirkkette, so bleibt die Synthese eines Stoffes an dieser Stelle stehen. Die Zuordnung von weiß zu „keiner Blütenfarbe" ist falsch. Die Farbe des betreffenden Zwischenproduktes, das als letztes gebildet wird, ist dann die Blütenfarbe der Blüte.
D: Rot ist das sichtbare Merkmal, das aus der Genwirkkette resultiert. Die Ausführungen zur Züchtung sind falsch. Der Züchtungsbegriff ist hier nicht definiert und daher so nicht anwendbar. Außerdem werden nicht zwangsläufig die ganzen Genwirkketten von einer Pflanze vererbt.
E: Die Äußerungen sind völlig unwissenschaftlich. Eine Pflanze „merkt" nicht, ob sie bestäubt wird oder nicht, sie trifft auch keine Entscheidungen und kann sich auch keine Blütenfarbe aussuchen.

3

Zerstörtes Gen	Stoffe, die nicht mehr gebildet werden
1	B, C, E, F
2	F
3	C, E, F
4	E, F
5	D, E, F

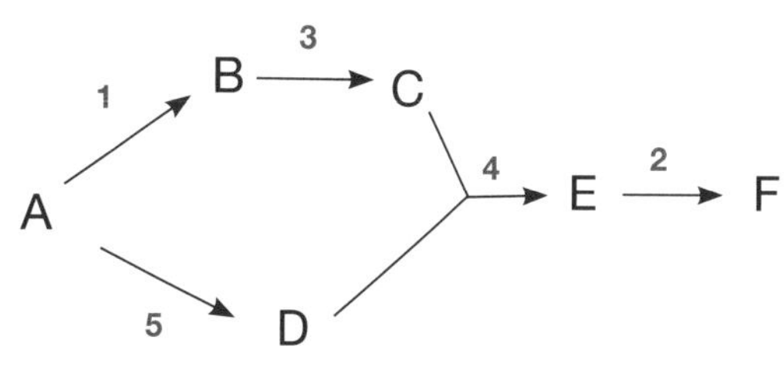

5.7 Mitose

Impuls: Würde das Experiment mit den Krallenfröschen (14.1) auch mit dem Zellkern zum Beispiel einer Hautzelle funktionieren? Die Chromosomen in allen Zellen eines Organismus sind gleich

Wachstum durch Zellteilung

Ablauf der Mitose — 1 2 Abb. 1,2

Unterschiede bei verschiedenen Zelltypen — 3 4 Abb. 3

1

–

2

a → vor einer Mitose
e → Beginn der Mitose (Membran des Zellkerns aufgelöst)
b → Prophase (Doppelchromosomen werden sichtbar)
f/d → Metaphase (Doppelchromosomen in der Ebene angeordnet)
c → Anaphase (Doppelchromosomen werden getrennt und jeweils zu den Polen gezogen)
g → Telophase (Ausbildung neuer Kernmembranen, Chromosomen verlieren aufgerollte Struktur)
h → Interphase

3

Abbildung 3 macht deutlich, dass die Phasendauer der Verdopplung der DNA und der Mitose bei allen Zellentypen gleich ist. Unterschiedlich ist die Dauer der Interphase. In der Interphase wächst die Zelle und nimmt ihre Stoffwechselfunktion wahr. Die unterschiedliche Dauer der Interphase lässt sich auf die unterschiedlichen Funktionen der Zelltypen zurückführen.

4

Die Zellen befinden sich in der Interphase. Sie haben ihre Chromosomen noch nicht verdoppelt, um in die nächste Mitose überzugehen.

5.8 Meiose – Bildung der Geschlechtszellen

Impuls: Annahme, Geschlechtszellen wären normale Zellen → Anzahl der Chromosomen in der 1., 2., 3. … Generation → Notwendigkeit der Reduktion

Ablauf der Meiose — 1 Abb. 1

Vergleich von Mitose und Meiose — 2 3 Abb. 1

Bedeutung der Zellteilung — 4 5 Abb. 1,2

1

(individuelle Lösung)

2

A → Mitose
B → Meiose [aber auch Mitose (Doppelchromosom → Einzelchromosom)]
C → Meiose
D → Mitose/Meiose

E → Mitose/Meiose
F → Mitose/Meiose
G → Mitose/Meiose
H → Meiose
I → Meiose
J → Meiose
K → Meiose
L → Mitose/Meiose
M → Meiose
N → Mitose/Meiose
O → Mitose/Meiose

3

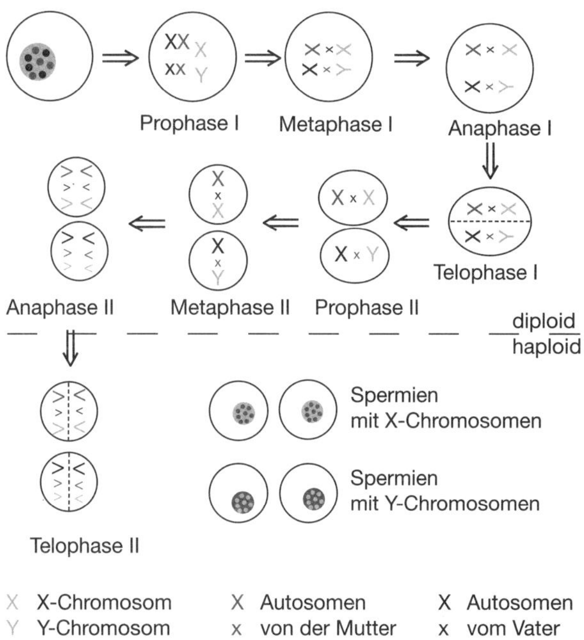

4

Die Entscheidung „fällt" in der Phase Meiose I, da dort die homologen Chromosomen/Gonosomen getrennt werden.

5

In den Geschlechtsorganen werden durch Meiose die Geschlechtszellen (1, 2, 3) gebildet. Durch die Befruchtung entstehen die diploiden Zygoten (4, 5), aus denen sich durch Mitose die diploiden Körperzellen (6, 7) bilden.
1, 2, 3 haploid
4, 5 diploid
6, 7 diploid

5.9 Genetische Variabilität

Menschen sind unterschiedlich	**2**	Abb. 1
Berechnung der Kombinationsmöglichkeiten	**1**	Abb. 2
Familie Kurze	**3**	Abb. 1

1

Zahl der Kombinationsmöglichkeiten:
- Mensch: y = 23 → x = 8388608
- Regenwurm: y = 16 → x = 65536
- Stechmücke: y = 3 → x = 8
- Karpfen: y = 52 → x = $4,5 * 10^{15}$
- Rind: y = 30 → x = 1073741824
- Erbse: y = 7 → x = 128

2

a) Die beiden Kinder haben unterschiedliche Chromosomen-Kombinationen. Sowohl die Kombination von der Mutter als auch vom Vater sind bei beiden unterschiedlich. Einzelne Chromosomen haben sie zufällig beide, zum Beispiel 1/blau oder 10/orange.
b) Eineiige Zwillinge haben identische Chromosomen-Kombinationen, da sie aus einer befruchteten Eizelle hervorgegangen sind. Geschwister haben generell unterschiedliche Kombinationen; mit einer sehr, sehr geringen Wahrscheinlichkeit könnten auch sie identisch sein, doch liegt diese Wahrscheinlichkeit dicht bei 0.

3

a) Mögliche Chromosomen für ein weiteres Kind

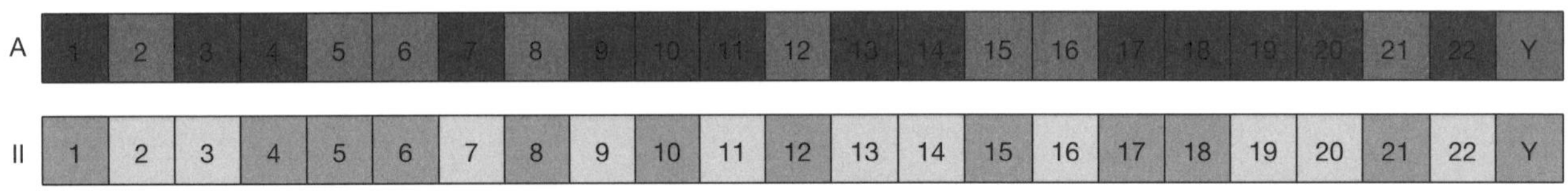

b) Mögliche Eizellen von Isabel

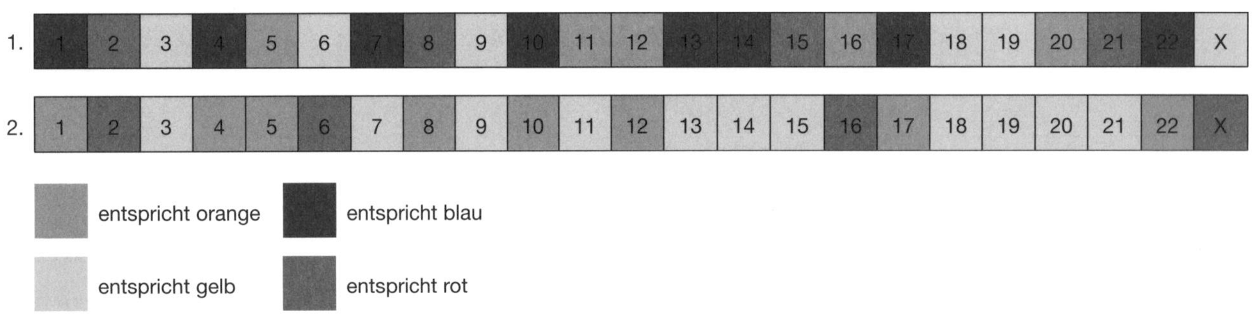

5.10 Genetisch bedingte Behinderung: Trisomie 21

Merle – ein Kind mit Trisomie 21 — Abb. 1

1 Nicht-Trennung der Chromosomen bei der Meiose als Ursache der Trisomie 21 — Abb. 2,4

Mögliche Zusammenhänge mit dem Alter der Mutter

3 Vorgeburtliche Diagnostik: Amniozentese — Abb. 3

4 Ethische Problemstellungen: Vier Positionen zur Abtreibung

1

Die Bildung der Eizellen beginnt im Eierstock des weiblichen Fetus. Bis zur Geburt erfolgt nur der erste Teil der Meiose. Man spricht von der Paarung der homologen Doppelchromosomen. Die Meiose wird dann unterbrochen und erst mit Beginn des Menstruationszyklus fortgesetzt.
Nach dieser zeitlichen Pause trennen sich die homologen Doppelchromosomen. Sie werden im Normalfall so auf die Tochterzellen verteilt, dass von jedem Paar Doppelchromosomen ein Exemplar in jeder Tochterzelle vorliegt. Im Fall der Trisomie 21 unterbleibt diese Trennung an Position Nr. 21.
Als Folge haben alle haploiden Eizellen an Position 21 eine abweichende Anzahl von Chromosomen (2x oder 0x statt 1x). Wird eine Eizelle mit dem durch Nichttrennung zusätzlich vorhandenem Chromosom 21 befruchtet, liegt die Trisomie 21 vor (Chromosom 21 ist 3x vorhanden).

2

a) Die Grafik zeigt die Wahrscheinlichkeit für die Geburt eines Kindes ohne Trisomie 21 in Abhängigkeit vom Alter der Mutter in Jahren. Im Alter von 15–25 Jahren liegt diese Wahrscheinlichkeit bei praktisch 100%. Bis zum Alter von etwa 35 Jahren sinkt die Wahrscheinlichkeit um nur wenige Zehntel Prozent. Mit etwa 40 Jahren wird die Wahrscheinlichkeit von 99% leicht unterschritten. Mit zunehmendem Alter der Mutter sinkt jetzt die Wahrscheinlichkeit zunehmend, bis sie mit 48 Jahren bei etwa 91% liegt.
Die Bildung der Eizellen beginnt im Eierstock des weiblichen Fetus. Bis zur Geburt erfolgt nur der erste Teil der Meiose. Die Meiose wird dann unterbrochen und erst mit Beginn des Menstruationszyklus fortgesetzt. Mit steigendem Lebensalter nimmt deshalb die Zeit zu, in der die Eizelle im Entwicklungsstadium der unterbrochenen Meiose bleibt. Die Wahrscheinlichkeit einer Nichttrennung homologer Doppelchromosomen nimmt offenbar dadurch zu.
b) Mit zunehmendem Alter der Mutter nimmt die Wahrscheinlichkeit einer Trisomie 21 zu. Auch andere Krankheiten und auch Gefahren für die Mutter werden begünstigt. Zudem sinkt die Fruchtbarkeit mit zunehmendem Alter, sodass die Erfüllung des Kinderwunsches womöglich ausbleibt.

3

Bei der Amniozentese erfolgt in der 13. oder 14. Schwangerschaftswoche die Entnahme von Fruchtwasser aus der Gebärmutter. Dazu wird mit einer Kanüle die Bauch- und die Gebärmutterwand durchstochen. In dem Fruchtwasser befinden sich Zellen, die sich vom Fetus abgelöst haben. Durch eine Zentrifugation lassen sich die Zellen von dem Fruchtwasser trennen. Das Fruchtwasser kann mit verschiedenen biochemischen Tests weiter untersucht werden. Bis zur Erstellung eines Karyogramms vergehen noch zwei bis drei Wochen. In dieser Zeit vermehren sich die Zellen in Zellkulturen. Das fertige Karyogramm zeigt in der Abbildung keine Abweichungen. Es handelt sich um einen Jungen ohne Trisomien.

4

Position 1: Ich will nichts wissen und werde keine Amniozentese machen lassen.
Zu dieser Aussage hat die Überlegung geführt, das Kind so zu akzeptieren, wie es zur Welt kommen wird. Eine Abtreibung kommt nicht in Frage, allerdings wird eine potentielle Dilemmasituation auch bewusst vermieden.
Position 2. Ich traue mir ein Leben mit einem behinderten Kind nicht zu und werde gegebenenfalls abtreiben.
Die Schwangere sieht durch die Fortsetzung der Schwangerschaft ihre körperliche und seelische Gesundheit gefährdet.
Position 3: Ich will das Ergebnis wissen, werde aber nicht abtreiben, wenn eine Trisomie 21 vorliegt.
Zu dieser Aussage hat die Überlegung geführt, das Kind so zu akzeptieren, wie es zur Welt kommen wird, sich im Falle einer Trisomie aber schon vor der Geburt auf die Behinderung des Kindes einstellen zu wollen. Eine Abtreibung kommt nicht in Frage. Im Unterschied zu Position 1 besteht aber hier der Wunsch nach einer frühen Absicherung über die Methode der Amniozentese.
Position 4: Ich weiß gar nicht, wie ich mich verhalten soll.
Diese Schwangere befindet sich in einer Dilemmasituation. Es stehen sich die Handlungsmöglichkeiten so entgegen, dass jede Entscheidung zu einem nicht gewünschten Resultat führt. Möglicherweise führt jede denkbare Entscheidung zur Verletzung von Wertvorstellungen.

6 Das Immunsystem

6.1 Bakterien

Die Pest	Abb. 4
Bau und Vermehrung von Bakterien	1 Abb. 1,2
Krankheiten, Übertragung von Krankheiten	2 Abb. 3
Bekämpfung der Pest	3 Abb. 4,5

1

a)

Zeitpunkt in Std.	Anzahl der Bakterien
0	1 (2^0)
1	4 (2^2)
2	16 (2^4)
3	64 (2^6)
4	256 (2^8)
5	1024 (2^{10})
6	4096 (2^{12})
7	16384 (2^{14})
8	65536 (2^{16})
9	262144 (2^{18})
10	1048576 (2^{20})
11	4194304 (2^{22})
12	16777216 (2^{24})
13	67108864 (2^{26})
14	268435456 (2^{28})
15	1173741824 (2^{30})

Zeitpunkt in Std.	Anzahl der Bakterien
16	4294967296 (2^{32})
17	1, 12*10^{10} (2^{34})
18	6,17*10^{10} (2^{36})
19	2,15*10^{11} (2^{38})
20	1,2*10^{12} (2^{40})
21	4,2*10^{12} (2^{42})
22	1,16*10^{13} (2^{44})
23	7,14*10^{13} (2^{46})
24	2,11*10^{14} (2^{48})

b) Der Kurvenverlauf des Bakterienwachstums wird in eine stationäre Phase übergehen, d. h., die Kultur wird nicht weiter wachsen. Ursache hierfür könnten der Mangel an Nährstoffen und Sauerstoff, die hohe Populationsdichte und/oder die Ansammlung giftiger Stoffwechselprodukte sein.

2

a) Nach großen Naturkatastrophen bricht oft die Trinkwasserversorgung zusammen. Es kommt zu Verunreinigungen des Wassers. Dadurch können sich Krankheiten wie Cholera und Typhus schnell über ein großes Gebiet ausbreiten. Diese beiden Krankheiten werden durch verunreinigtes Trinkwasser oder Kot übertragen; da die hygienischen Bedingungen nach Naturkatastrophen sehr schlecht sind, kann es zur großflächigen Verbreitung kommen.
Tetanus, Scharlach und Keuchhusten dagegen werden durch Verschmutzung von Wunden beziehungsweise durch Tröpfcheninfektion übertragen. Dies benötigt einen unmittelbaren Kontakt einer infizierten Person zu einer gesunden. Dadurch treten solche Krankheiten eher sporadisch bei einzelnen Personen auf.

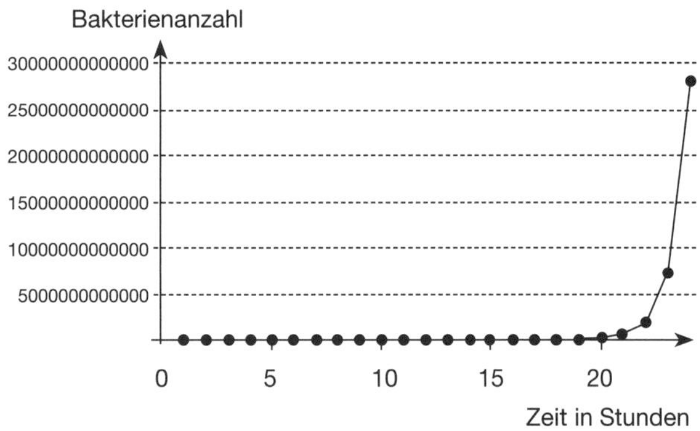

b) Durch eine kurze Inkubationszeit kann sich eine Krankheit schnell, lokal (örtlich) ausbreiten. Die Zeitspanne, die Krankheit durch geeignete Mittel zu behandeln, ist relativ gering. Bei einer längeren Inkubationszeit kann bei der Gefahr einer Ansteckung gegebenenfalls früh genug eingegriffen werden. Andererseits kann der Infizierte viele Personen in einem größeren (örtlichen) Radius anstecken, da noch keine Symptome aufgetreten sind.

3

a) Die Pest konnte sich schnell ausbreiten, da die Inkubationszeit zwei bis acht Tage ist. In dieser Zeit konnten viele weitere, gesunde Personen über Tröpfcheninfektion von einem Infizierten angesteckt werden, ohne dass der Infizierte von seiner Krankheit wusste. Durch die sehr schlechten hygienischen Bedingungen konnte sich die Pest auch großflächig ausbreiten.
b) Durch geeignete hygienische Maßnahmen, wie wir sie heute anwenden, hätte die Pest örtlich eingegrenzt und eingedämmt werden können. Auch hätte ein Bekämpfen der Ratten im Bereich des Lebensraums des Menschen ein Ausbreiten eingedämmt, da die Krankheit durch den Rattenfloh auf den Menschen übertragbar ist.

6.2 Viren

Viren und ihre Vermehrung	1	Abb. 1,2
Sind Viren Lebewesen?	3	
Krankheiten durch Viren	2	Abb. 3
Vermischung von Viren	4	Abb. 4,5

1

Anheftung des Virus an die Wirtszelle (über Glykoprotein/Glykoprotein-Interaktion) → Verschmelzung der Hüllmembran des Virus mit der Wirtzellmembran und damit → Eindringen in die Wirtszelle → Auflösung des Kapsids des Virus und damit → Freilegung der Erbinformation des Virus → Einbau der Virus-Erbinformation in die Wirtszellen-Erbinformation im Zellkern → Umprogrammierung der Erbinformation und → Produktion von Virus-Bestandteilen → Zusammensetzung der Virusbestandteile und gleichzeitig Einbau der Hüllmembran-Bestandteile in die Wirtszellenmembran → Ausschleusung der Viren, Umhüllung mit der Hüllmembran → Auflösung der Membran der Wirtszelle → Tod der Wirtszelle

2

Scharlach und Keuchhusten werden durch Bakterien hervorgerufen. Diese Krankheiten lassen sich durch Gabe von Antibiotika behandeln, da die Bakterien nicht resistent sind. Im Gegensatz dazu sind Windpocken und Masern viruell verursachte Krankheiten; Antibiotika zeigen bei Viren keine Wirkung, da viele Antibiotika in den Stoffwechsel eingreifen; Viren haben keinen eigenen Stoffwechsel. Des Weiteren sind Oberflächen-Antibiotika oft nicht wirksam, da sich die Oberflächenstruktur und -zusammensetzung von Viren oft ändert.

3

Viren sind keine Lebewesen, da sie nicht alle Kennzeichen von Lebewesen erfüllen. Zum Beispiel haben Viren keinen eigenen Stoffwechsel und können sich nicht aktiv fortbewegen.

4

a) Vermischen sich in einem dritten Wirt ein Virus, dass eigentlich nur eine Art befällt, mit einem Virus, dass den Menschen befällt, kann in der Folge dieser Vermischung der „tierische“ Virus auch auf den Menschen übergehen und von ihm auf andere Menschen übertragen werden.

b)

Im ersten Fall erfolgt die Vermischung nicht in einem anderen Tier, wie zum Beispiel dem Schwein, sondern in einem Menschen, der gleichzeitig von dem auf den Vogel und dem auf den Menschen spezialisierten Virus infiziert wurde.

Im zweiten Fall trat bei dem auf den Vogel spezialisierten Virus eine Mutation ein, die es ihm ermöglicht, auch von Mensch zu Mensch übertragen zu werden. Eine solche Mutation kann in dem Tier oder auch in einem infizierten Menschen auftreten.

M Ein schriftliches Referat erstellen

–

6.3 Funktion des Immunsystems

–

6.4 Abwehr von körperfremden Stoffen

Die Verteidigungslinien der Körperabwehr	1 Abb. 1,2
Organtransplantationen	2a Abb. 3,4
Ethische Aspekte der Organtransplantationen	2b 3 Abb. 5–7

1

Es gibt drei Verteidigungslinien beziehungsweise Bestandteile des Immunsystems: mechanische Barrieren, die unspezifische Abwehr und die spezifische Abwehr.
Durch die mechanischen Barrieren soll verhindert werden, dass die Krankheitserreger überhaupt in den Körper eindringen; Beispiele sind die Haut, mit ihrem natürlichen Schutzmantel aus Schweiß und Talg, oder die Schleimhäute, mit Schleim- und/oder Säureabgabe und Flimmerhärchen.
Zur unspezifischen Abwehr gehören die Fresszellen und Entzündungsstoffe. Sie zirkulieren im Blut; wenn Krankheitserreger in den Körper gelangt sind, bekämpfen sie zuerst die Erreger.
Die T- und B-Zellen sind Bestandteil der spezifischen Abwehr. Sie bilden Antikörper und Gedächtniszellen, die auch bei einer weiteren Infektion wichtig sind.

2

a) Am ehesten kommt der Spender mit Organ 3 in Frage. Er weist die größte Übereinstimmung der MHC-Marker zum Empfänger auf. Organ 1 und 2 besitzen MHC-Marker, die der Empfänger nicht besitzt; das Immunsystem würde diese Organe als fremd erkennen und es würde zur Abstoßungsreaktion kommen.
b) Der Bedarf an Organen, die transplantiert werden müssten, ist weitaus größer als Organe zur Verfügung stehen. Ursachen hierfür sind, dass in der Regel Organe von Verstorbenen genutzt werden; Lebendspenden sind eher selten. Ein weiterer Grund liegt in der notwendigen, großen Übereinstimmung der MHC-Marker zwischen Empfänger und Spender, damit es nicht zu Abstoßungsreaktionen kommt.
Auch entscheiden sich viele Menschen nicht für einen Organspendeausweis, sodass diesen Menschen nur nach Zustimmung der nächsten Angehörigen nach deren Tod Organe entnommen werden darf. Schwierig ist in diesem Fall jedoch, die Angehörigen in einer solchen Situation mit dieser Entscheidung zu konfrontieren.
Abbildung 5 zeigt nochmals deutlich, wie groß der Bedarf an Organen ist. Obwohl im Jahr 2004 in den ersten fünf Monaten 789 Nieren transplantiert wurden, liegt die Wartezeit für eine Spenderniere bei drei bis fünf Jahren.
Aus ethischer Sicht ist es sinnvoll, einen Organspendeausweis mitzuführen. Die Vorstellung, dass der eigene Körper nach dem Tod als „Ersatzteillager“ verwendet wird, hält viele Menschen davon ab. Auch Gleichgültigkeit spielt sicher eine große Rolle. Wichtig ist Aufklärung über die Problematik (jeder kann selbst einmal betroffen sein). Auch gesetzliche Maßnahmen, wie zum Beispiel die Erlaubnis bei allen Toten Organe zu entnehmen, bei denen kein ausdrückliches Verbot durch den Menschen zu Lebzeiten oder den Angehörigen vorliegt, sind zu diskutieren.

3

Abbildung 7 zeigt die Änderung der Vermehrungsrate der Lymphozyten (als Maß der Aktivität des Immunsystems) vor und nach einem einschneidenden Erlebnis, in diesem Fall eine schwere Krankheit und Tod des Ehepartners. Man sieht deutlich, dass die Vermehrungsrate nach dem Tod des Ehepartners stark gesunken ist und sich im Lauf der folgenden Monate nur langsam erhöht. In dieser Zeit wird der Mensch vermutlich infektanfälliger sein (aufgrund weniger Lymphozyten). Dieses Ereignis wird nach Abbildung 6 mit einem Stresswert von 100 benannt. Es ist davon auszugehen, dass die Vermehrungsrate der Lymphozyten auch bei den anderen Ereignissen in Abbildung 6 stark zurückgehen werden; vermutlich nicht so tief sinken und eventuell auch wieder schneller den Normalwert erreichen, je nach dem wie hoch der Stresswert des Ereignisses für die Person ist.

6.5 Antibiotika

Entdeckung der Antibiotika	Abb. 4
Entdeckung der Antibiotika	1 Abb. 1–3
Resistenzbildung durch Mutationen	2 Abb. 5
Probleme bei häufigem Antibiotikaeinsatz	3

1

Abbildung 1 zeigt eine Petrischale mit Nährboden. In der Mitte der Petrischale sieht man einen Schimmelpilz, der sich ausbreitet. Der Nährboden um den Schimmelpilz ist klar; dort sind keine Bakterien gewachsen. Bakterienwachstum findet man nur am äußersten Rand der Petrischale.

Der Schimmelpilz gibt ein Antibiotikum in den Nährboden ab. Das Antibiotikum diffundiert auch in die angrenzenden Bereiche des Medium und verhindert dort das Bakteriumwachstum. Nur an den äußeren Bereichen, wo kein Antibiotikum ist, können sich die Bakterien vermehren.

2

a) Mehrere Petrischalen werden mit Nährboden gefüllt; einige von ihnen enthalten zusätzlich ein Antibiotikum im Nährboden. Eine Petrischale mit Bakterien (ohne Antibiotikum) wird mittels der Stempeltechnik auf drei Petrischalen ohne Antibiotikum überführt und anschließend für 48 Stunden inkubiert. Nach dieser Zeit sind auf allen drei Petrischalen Bakterien gewachsen; die Anordnung entspricht der ersten Petrischale, da durch den Stempel die Bakterien 1:1 übertragen werden. Eine Petrischale wird wiederum mittels Stempel auf Nährboden mit und ohne Antibiotikum übertragen und inkubiert. Die Petrischale ohne Antibiotikum zeigt die Bakterien wie auf der ersten Petrischale. Auf dem Nährboden mit Antibiotikum sind keine Bakterien gewachsen; das Antibiotikum hat dies verhindert, da diese Bakterien nicht resistent gegen das Antibiotikum sind.

Die beiden anderen Petrischalen werden mit UV-Licht bestrahlt. Hierbei kommt es zu Mutationen in der DNA der Bakterien. Auch diese Bakterien werden mittels Stempel übertragen und inkubiert. Die Petrischale ohne Antibiotikum zeigt wiederum Bakterienwachstum wie die ursprüngliche Petrischale. Die beiden Petrischalen mit Antibiotikum zeigen jedoch Bakterienkolonien. Dies kommt daher, dass durch die Bestrahlung Mutationen erfolgt sind, die dazu führen, dass die Bakterien resistent gegen das Antibiotikum geworden sind. Die unterschiedliche Anordnung der Bakterien in den beiden Petrischalen ist durch die Zufälligkeit der Mutationen zu erklären.

b) Die Bedingungen in den Petrischalen sind vergleichbar. Wie auch in Abbildung 1 zu sehen ist, wurde auch in den Petrischalen bei FLEMING das Bakterienwachstum durch eine Antibiotikum-Abgabe des Schimmels unterbunden bzw. die Bakterien abgetötet.

3

Durch die Gabe von Antibiotika und der sehr häufigen Mutationsrate bei Bakterien können schnell resistente Bakterien entstehen. Bei ihnen wirkt das Antibiotikum nicht mehr; die Krankheit kann mit diesem Antibiotikum nicht mehr geheilt werden. Daher muss die Medizin ständig neue Wege suchen, manchen Krankheiten zu begegnen. (Kann vom Schüler nicht erwartet, aber vom Lehrer angesprochen werden: Außerdem werden durch die Antibiotikum-Gabe auch ungefährliche Bakterien getötet; damit unterliegen die resistenten Bakterien einer geringeren Konkurrenz.)

6.6 AIDS

Was ist AIDS, Verlauf der Krankheit	1 Abb. 1,2,4
Übertragungswege von HIV und Prävention	2c
Umgang mit HIV-infizierten Menschen	2a 2b
Gesellschaftliche Aspekte von HIV	3 4

1

a) Die relative HIV-Konzentration ist einige Monate nach der Infektion recht hoch. Das Immunsystem versucht, die Viren zu bekämpfen (die Konzentration sinkt), jedoch werden nicht alle Viren zerstört. Über die Jahre steigt die Konzentration immer mehr an, da sich die Viren mit jeder Zellteilung der T-Helferzellen vermehren. Im Gegensatz dazu wird über die Jahre die Anzahl/Konzentration der T-Helferzellen immer geringer, da sie durch die massenhafte Vermehrung des Virus absterben.

b) Ein Test unmittelbar nach der Infektion mit HIV ist nicht aussagekräftig, da die Konzentration der HI-Viren nicht ausreicht, um ihn im Blut nachzuweisen bzw. noch nicht ausreichend Antikörper für einen Nachweis gebildet wurden.

2

a) Mögliche Gründe: die Angst vor einer Ansteckung mit dem Virus; die Unwissenheit über die Ansteckungswege und die wirkliche, „potenzielle“ Gefahr einer Ansteckung im normalen Zusammenleben; die Angst vor der Gewissheit, nach einer Infektion an Aids zu sterben; die Angst vor der privaten, sozialen und beruflichen Isolation nach einer Infektion (beziehungsweise nach deren „Bekanntgabe“)

b) Zum Beispiel: Angst, dass die Infektion bekannt wird; die Angst vor der Krankheit (Siechtum und Tod) kann die Lebensfreude trüben, zu Depressionen führen. Einschränkungen beim Eingehen einer Partnerschaft, Isolation (selbst verursacht oder wenn die Krankheit bekannt wird durch die Umwelt)

c) Keinen ungeschützten Geschlechtsverkehr (also nie ohne Kondom, erst recht bei „unbekannten“ Partnern); Spritzen bei Drogenkonsum nicht mehrfach verwenden und/oder mit anderen teilen; Vorsicht bei möglichen Blut/Blut-Kontakten; nach einem (sexuellen) Partnerwechsel und vor Beginn einer neuen Partnerschaft einen HIV-Test machen (Zeitpunkt der Tests nach dem letzten sexuellen Kontakt beachten); das Thema in einer neuen Partnerschaft offen mit dem Partner besprechen

3

a)In allen angegebenen Regionen ist der Prozentsatz der HIV-Infizierten in der Bevölkerung größer als in Deutschland. Extrem stark betroffen ist das südliche Afrika, mit Abstand gefolgt von der Karibik. In allen Regionen einschließlich Deutschland ist die Zahl der Neuinfektionen in 2005 größer als die Zahl der AIDS-Toten, die Zahl der Infizierten also steigend. In den vergangenen Jahren ist die Tendenz bei den Infizierten sehr unterschiedlich. Während Ozeanien offenbar große Erfolge bei der Bekämpfung aufweist, ist die Tendenz in Südostasien und Nordamerika/West- und Zentraleuropa ständig steigend. Auch in Deutschland steigt die Zahl an.

Bei ambitionierten Schülern können Bezüge zu kulturellen Gegebenheiten zum Beispiel vorherrschende Religionen, gelebte Partnerschaftsmodelle und Mentalitäten hergestellt werden, ebenso mit der wirtschaftlichen und sozialen Lage der Regionen.

b) Mögliche Antworten: Enorme Behandlungskosten, soweit eine Behandlung überhaupt möglich ist. Durch die hohe Anzahl der Infizierten ist die Ansteckungsgefahr auch besonders hoch, soweit nicht absolute Vorsicht angewandt wird. Durch die hohe Zahl der Infizierten ist auch eine hohen Krankheitsrate zu erwarten → Ausfall von Arbeitszeit und damit niedriger Ertrag in der Landwirtschaft und Industrie. Durch vorzeitigen Tod viele Waisen und Halbweisen, die versorgt werden müssen oder die zugrunde gehen. Die Altersstruktur ist wahrscheinlich völlig atypisch → viele Kinder und junge, aber kranke Erwachsene, weitgehendes Fehlen der mittleren Generation.

4

Die Dunkelziffer der Infizierten ist vermutlich deutlich höher. Nicht alle Menschen lassen sich testen, um Gewissheit zu haben. Vor allem in den Entwicklungsländern wird die Anzahl deutlich höher liegen, weil häufig keine Kenntnis über die Krankheit in der Bevölkerung vorhanden ist und möglicherweise keine Testmöglichkeiten und ein Melde- und Erfassungssystem bestehen.

6.7 Immunisierung

Geschichte der Impfung		Abb. 1
Vergleich von aktiver und passiver Immunisierung	1	Abb. 2
Versuche von Pasteur	3	Abb. 4
Immunantwort bei einer Infektion	2	Abb. 3
Wirkung von Impfungen am Beispiel der Kinderlähmung und Pocken	4	Abb. 1,5
Anwendung der passiven Immunisierung	5	Abb. 2

1

a)

Merkmal	**aktive Immunisierung**	**passive Immunisierung**
Zeitpunkt der Gabe des Impfstoffs	vor einer Infektion	nach einer Infektion
Impfstoff	Lebendimpfstoff oder Totimpfstoff (= abgeschwächte Erreger)	Serum mit Antikörpern
Bildung von Antikörpern	ja	nein
Bildung von Gedächtniszellen	ja	nein
Dauer der Schutzwirkung	mehrjährig, manchmal lebenslang	kurze Zeit (bis zum Abbau der Antikörper)

b) Passive Impfungen müssen aufgrund der kurzen Dauer des Schutzes wiederholt werden.
Bei aktiven Immunisierungen werden im Lauf der Zeit (manchmal Jahre) die Gedächtniszellen abgebaut. Damit fehlt bei einer erneuten, späteren Infektion die „Wiedererkennung" des Erregers, um schnell viele Antikörper herstellen zu können.
Bei einer erneuten Impfung werden (bei der aktiven Immunisierung) erneut Antikörper und Gedächtniszellen gebildet.

2

a) Abbildung 3 zeigt die Anzahl der Antikörper gegen Antigen A über eine Zeitspanne von 56 Tagen. Nach dem ersten Kontakt mit dem Antigen A werden Antikörper gebildet, des Weiteren auch entsprechende Gedächtniszellen. Nach dem zweiten Kontakt mit dem Antigen A fällt die Immunreaktion deutlich stärker aus: Es werden wesentlich mehr Antikörper gebildet und die Produktion der Antikörper erfolgt in wesentlich kürzerer Zeit.
b) Der Kurvenverlauf wäre im Prinzip wie in Abbildung 3 dargestellt; dabei ist der Zeitpunkt des ersten Kontakts

gleichzusetzen mit der aktiven Immunisierung/Impfung und der zweite Kontakt entspricht dem „ersten" Kontakt mit dem Erreger (Infektion).

3

a)
- Isolierung von Cholera-Bakterien aus dem Kot erkrankte Hühner → Kultivierung → Infektion von Brot mit den Bakterien → Verfütterung an Hühner → Hühner erkranken und sterben
- Infektion von Brot mit alten (geschwächten) Bakterien → Verfütterung an Hühner → Hühner sterben nicht
- Infektion von Brot mit überalten Bakterien → Verfütterung an Hühner → Hühner sterben nicht
- Infektion von Brot mit jungen Bakterien → Verfütterung an Hühner, die noch keinen Kontakt mit dem Erreger hatten und an Hühner, die mit der alten Kultur Kontakt hatten → ? (siehe b)

b) Die Hühner, die noch keinen Kontakt mit dem Erreger hatten, werden sterben; genau wie es auch der erste Versuch gezeigt hat. Die Hühner, die bereits Kontakt mir der alten Kultur hatten, werden überleben. Bei ihnen hat durch den Kontakt mit den abgeschwächten (alten) Erregern eine Immunisierung stattgefunden.

4

a) Kinderlähmung ist eine Krankheit, die durch Viren hervorgerufen wird. Schutz bietet eine geeignete Impfung (Schluckimpfung).
In den Jahren 1955 bis 1966 hat die Anzahl der Erkrankten und damit auch der Todesfälle abgenommen. In den Jahren 1967 bis 2004 blieb die Anzahl der Erkrankten und auch der Todesfälle im Durchschnitt niedrig.

b) Die Anzahl der Erkrankten lässt sich auf die fehlende Impfung der entsprechenden Personen zurückzuführen. Da es sich um eine Virus-Infektion handelt, können Medikamente nicht ursächlich die Krankheit behandeln und heilen. Durch eine Impfung wären die 14 Todesfälle vermutlich nicht eingetreten. Das Ergebnis zeigt die unnötige Gefahr an dieser Krankheit zu erkranken und zu sterben nur wegen einer „unnötigen" Impfung.

5

Geeignete Tiere werden mit dem zuvor gewonnenen Schlangengift infiziert, sodass die Tiere nicht sterben. Aus ihrem Blut werden dann die entsprechenden Antikörper isoliert und als Impfstoff für eine passive Immunisierung eingesetzt.

6.8 Allergien, Krebs, Autoimmunkrankheiten

–

6.9 Organtransplantation: Beispiel Blut

1

a) Landsteiner erhielt drei verschiedene Versuchsergebnisse und leitete daher die Existenz von drei verschiedenen Blutgruppen ab.
Störk und Landsteiner, Pletschnig und Zaritsch, Stürli und Erdheim zeigen jeweils die gleichen Versuchsergebnisse und besitzen daher jeweils die gleiche Blutgruppe.

b) Das Serum enthält bei den Blutgruppen A, B und 0 Antikörper, bei Blutgruppe AB keine Antikörper.
Störk und Landsteiners Blut verklumpte mit keinem Serum, die roten Blutzellen von Störk und Landsteiner dürfen daher keine Antigene aufweisen, d.h sie haben Blutgruppe 0. Ihr Serum enthält bei Blutgruppe 0 die Antikörper A und B und verklumpt daher mit allen anderen Blutzellen außer ihren eigenen.
Das Serum von Stürli und Erdheim enthält Antikörper gegen die Antigene der Blutzellen von Pletschnig und Zaritsch und umgekehrt. Daraus folgt, dass die Blutgruppe AB für diese vier Personen nicht in Frage kommt. Das Serum der Blutgruppe AB enthält keine Antikörper, so dass die Zugabe von Blutzellen zu diesem Serum zu keiner Verklumpung führen dürfte. Pletschnig/Zaritsch haben Blutgruppe A oder B, Stürli und Erdheim haben dann die Blutgruppe B oder A, dies lässt sich nicht eindeutig klären.

2

Serum / Blutgruppe	Antikörper A u. Antikörper B 	Antikörper A 	Antikörper B 
Antigen A 	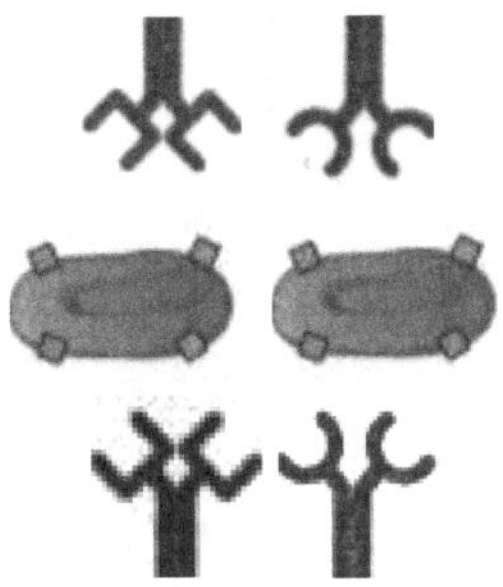 Verklumpung	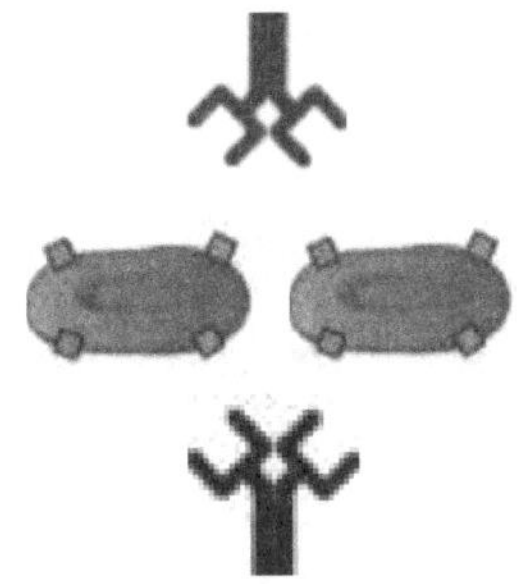 Verklumpung	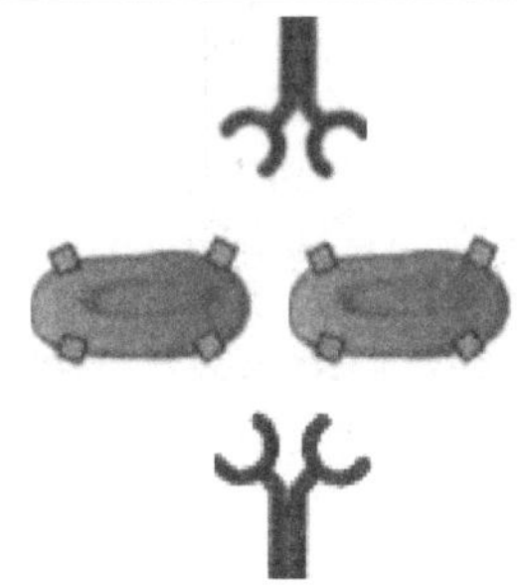 keine Verklumpung
Antigen B 	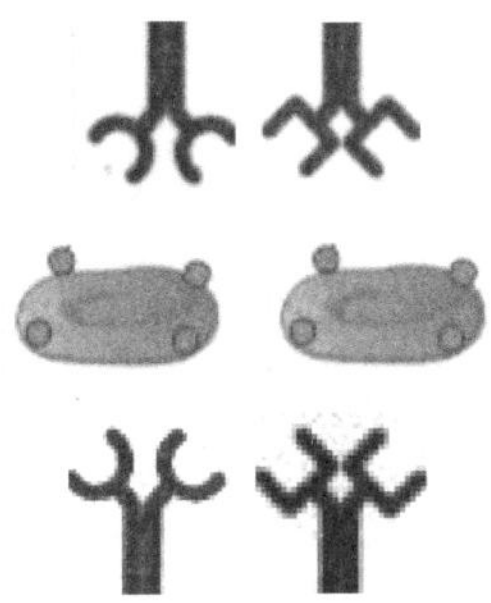 Verklumpung	 keine Verklumpung	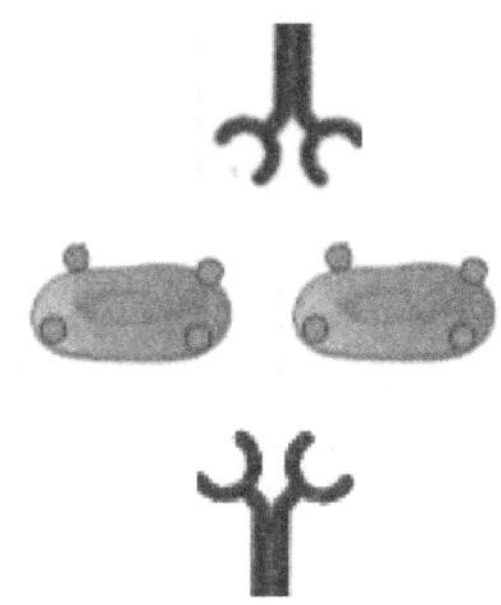 Verklumpung
kein Antigen 0 	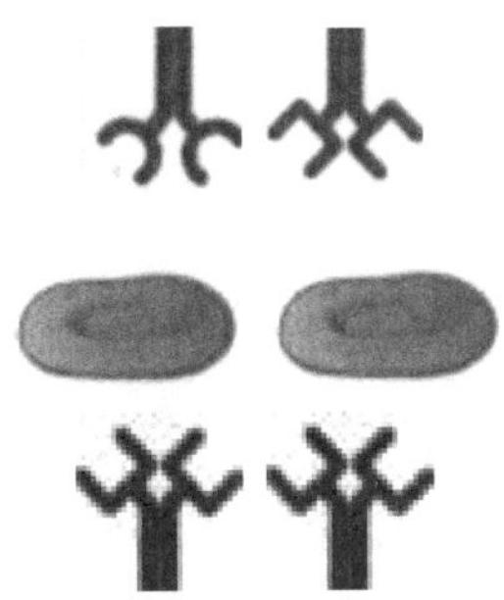 keine Verklumpung	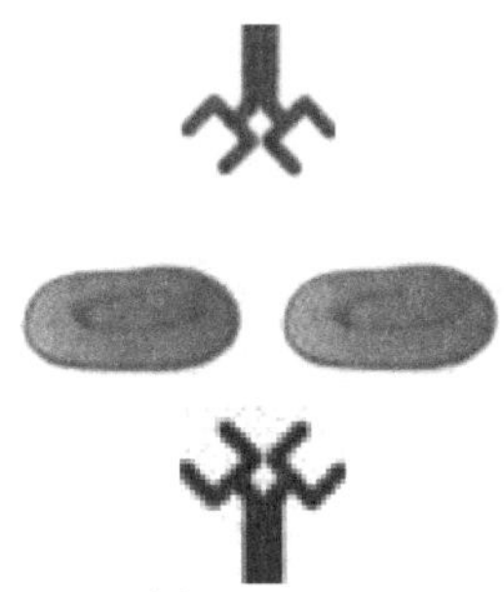 keine Verklumpung	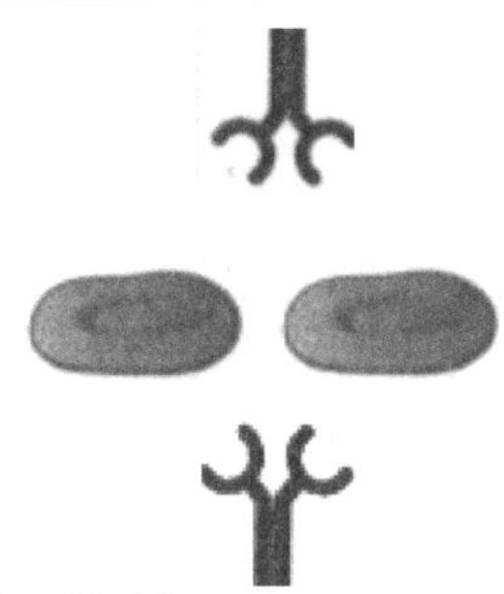 keine Verklumpung
Antigen AB 	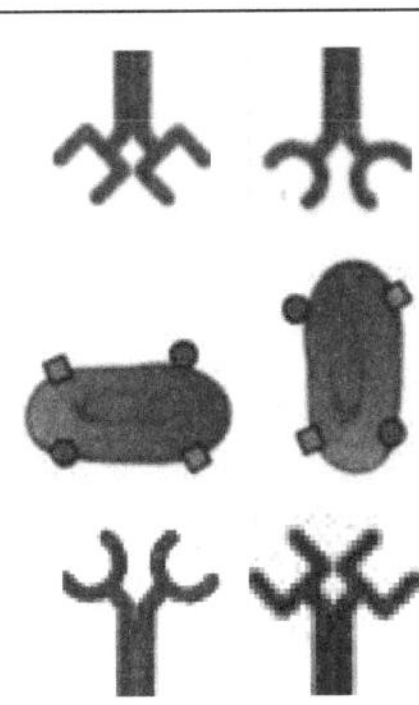 Verklumpung	 Verklumpung	 Verklumpung

3

Während der ersten Schwangerschaft gibt es keinen Kontakt zwischen dem Blut der Frau und ihrem Kind. Beim Geburtsvorgang gelangt Blut des rhesuspositiven Kindes in den Körper bzw. Blutkreislauf der Mutter. Im Körper der Mutter werden Antikörper gegen das Antigen D gebildet. Bei einer erneuten Schwangerschaft mit einem rhesuspositiven Kind gelangen die Antikörper D in den Blutkreislauf des Kindes. Das Antigen D und der Antikörper reagieren miteinander und verklumpen.

4

Nahe Verwandte haben häufig ähnliche Oberflächen-Antigene (z. B. gleiche Blutgruppe) und es kommt daher nach einer Transplantation seltener zu Abstoßungsreaktionen.

7 Angewandte Biologie

7.1 Genetische Veränderungen von Bakterien

Übersicht: Methoden der Gentechnik		Abb. 1,2
Gentechnische Veränderung von Bakterien	1	Abb. 1(2)
Wissenschaftliche Voraussetzungen der gentechnischen Herstellung von Insulin	2	Abb. 1,3
Medizinische und wirtschaftliche Aspekte der gentechnischen Herstellung von Insulin	3	Abb. 4

1

- Aus einem Bakterium wird das Plasmid isoliert.
- Das Gen, das in das Bakterium eingebracht werden soll, muss bekannt sein (Code, Funktion).
- Isolierung der DNA aus menschlicher Zelle
- Isolierung des DNA-Stücks, auf dem das gewünschte Gen liegt (Ausschneiden mithilfe eines Restriktionsenzyms)
- Aufschneiden des Plasmidrings mithilfe eines Restriktionsenzyms
- Zusammengeben von geöffnetem Bakterien-Plasmid und DNA-Stück aus menschlicher Zelle, Verknüpfung durch das Enzym Ligase
- Plasmid ist wieder geschlossen und enthält das ausgewählte menschliche Gen.
- Übertragung des Plasmids in ein Bakterium
- Bakterium kann menschliches Gen ablesen und das entsprechende Protein herstellen.

2

Die gentechnische Herstellung von Insulin setzt ein genaues Wissen über die Grundlagen der Vererbung und die Proteinbiosynthese voraus. Die ersten wichtigen Versuche zu Prinzipien der Vererbung führte Mendel an Erbsenpflanzen durch (1865). Erst später wurde erkannt, dass die Chromosomen die Informationsträger sind (1903), genauer die DNA-Moleküle (1944). Es folgte die genaue Entschlüsselung der DNA-Struktur (1953) und des für alle Lebewesen gleich geltenden genetischen Codes (1961). Beides ist zwingend erforderlich, um gezielt Gene identifizieren zu können, die für bestimmte Proteine (z. B. Insulin) codieren. Mit Entdeckung der Restriktionsenzyme (1977) wurde dann eine Methode gefunden, um gezielt Stücke aus der DNA auszuschneiden. 1977 gelang es, solche DNA-Stücke, nämlich Insulin-Gene von Ratten auf Bakterien zu übertragen. Damit war der Weg gebahnt für die gentechnische Herstellung auch von menschlichem Insulin durch Bakterien, das 1982 auf den Medikamentenmarkt kam.

3

Vorteile von gentechnisch hergestelltem, menschlichem Insulin gegenüber Insulin aus Rindern und Schweinen:

- Bei Schweine- und Rinderinsulin kann es zu Unverträglichkeiten kommen, da sich diese Proteine leicht vom menschlichen Insulin unterscheiden.
- Der Bedarf an Insulin könnte durch Gewinnung aus Rindern und Schweinen kaum gedeckt werden, da die Anzahl an Diabetikern weltweit sehr groß ist und weiter zunimmt.
- Die Herstellung durch Bakterien ist sehr viel schneller, billiger und in großem, industriellem Umfang möglich.
- Das Insulin konnte mittlerweile so verändert werden, dass die Wirkung als Medikament optimiert werden konnte.

7.2 Grüne Gentechnik: Beispiel Mais

Vergleich: Klassische Züchtung - Gentechnik	**1** Abb. 1
Gentechnik am Beispiel Bt-Mais	**2** Abb. 2,3
Pro und contra Bt-Mais	**3** Abb. 2,3

1

Bei der klassischen Züchtung werden aus der vorhandenen Vielfalt an genetisch bedingten Merkmalen einer Pflanzenart die Pflanzen mit erwünschten Eigenschaften ausgewählt und gezielt kombiniert. Bei den klassischen Züchtungsmethoden ist die genetische Vielfalt auf die Gene einer Pflanzenart begrenzt.
Durch Anwendung der Gentechnik werden Gene einer Art auf eine andere Art übertragen. Dadurch erhält eine Pflanze neue Eigenschaften. Die genetische Vielfalt beschränkt sich nicht allein auf eine Art.

2

a) Die angestrebten Ziele bei der Anwendung der Gentechnik bei Nutzpflanzen sind vor allem die Verbesserung der Ertragsleistung und der Widerstandsfähigkeit gegenüber nichtlebendigen (z. B. Hitze) und lebendigen (z. B. Schadinsekten) Faktoren der Umwelt. Manchmal soll auch eine Resistenz gegenüber bestimmten Unkrautvernichtungsmitteln erzielt werden, die dann eingesetzt werden können und alle anderen Pflanzen vernichten. Mittels Gentechnik wird auch versucht, das bestimmte Inhaltsstoffe, die dem Menschen nutzen (z. B. Vitamine) verstärkt gebildet werden oder neue Stoffe für die Medikamentenherstellung gebildet werden.
Mögliche unerwartete Folgen sind die unkontrollierte Verbreitung der neu eingebrachten Gene auf andere Pflanzen, auch auf Unkräuter, die dann womöglich besonders widerstandsfähig werden und die ungewissen Folgen auf das Ökosystem: Durch die Eigenschaften der Pflanze, für Insekten giftig zu sein, werden weitere Tierarten beeinflusst und die Biodiversität könnte zurückgehen. Die Auswirkungen der neuen Kombination von Genen in der Pflanze sind nicht vollständig bekannt.

b) Für Landwirte wichtig:
- Verbesserung der Ertragsleistung (Fotosysnthese, Wachstum, Fruchtqualität)
- Widerstandsfähigkeit, weniger Ertragsausfall
- Besserer Verkauf durch hohen Vitamingehalt etc.
- Resistenz gegen Schädlinge, dadurch weniger Einsatz von Insektenvernichtungsmitteln u. a.
- Resistenz gegen bestimmte Unkrautvernichtungsmittel ist zwar einerseits ein Vorteil, da dieses dann ausreicht, andererseits geht damit eine Abhängigkeit vom Hersteller genau dieses Mittels einher.
- Bei unkontrollierter Ausbreitung könnten Landwirte angrenzender Felder klagen.
- Wenn Resistenzen auf Wildkräuter übergehen, sind diese nicht mehr einfach zu bekämpfen.

Für Verbraucher wichtig:
- Hohe Qualität und eventuell niedriger Preis (durch schnelleres Wachstum)
- Zusätzliche Inhaltstoffe, z. B. erhöhter Vitamingehalt
- Bei unkontrollierter Ausbreitung ist unsicher, welche Lebensmittel nicht gentechnisch verändert sind.
- Transgene könnte den Stoffwechsel so beeinflussen, dass schädliche Stoffe entstehen, die z. B. Allergien auslösen.

3

Pro:
- hoher Ertrag
- hohe Qualität
- Erntverluste werden vermindert, Welternährung könnte profitieren
- weniger Einsatz von Insektiziden notwendig
- geringer Insektizid-Einsatz schont Gesundheit und Ökosystem
- strenge Kontrollen, nach heutigem Kenntnisstand sind genetisch veränderte Lebensmittel gesundheitlich unbedenklich und sicher

Contra:
- Eingriff in das Ökosystem, das natürliche Gleichgewicht wird verschoben
- gesundheitliche Folgen sind nicht überschaubar
- unkontrollierte Verbreitung der veränderten Gene durch Pollenflug
- Übertragung der Resistenzen auf Wildkräuter durch horizontalen Gentransfer
- Möglicherweise lösen Transgene die Entstehung von Verbindungen aus, die beim Menschen Allergien hervorrufen

- Möglicherweise giftige Wirkung auch auf nützliche Insekten, Bedrohung der Biodiversität

8 Reproduktionsbiologie und Stammzellenforschung

8.1 Künstliche Befruchtung und PID

–

M Ethisches Bewerten

1

a) –
b) Stammzellforschung, moderne Fortpflanzungsmedizin, Anwendungen der Gentechnik, Sterbehilfe, Organtransplantation, Tierversuche, Eingriffe in Ökosysteme

---

8.2 Klonen und Stammzellen

Übersicht, Begriffserläuterungen (Klon, Stammzellen, reproduktives, therapeutisches Klonen)	1
Reproduktives und therapeutisches Klonen im Vergleich, ethische Reflektionen	2 Abb. 1,2
Dürfen wir alles machen, was machbar ist? Ethische Reflektionen	3(2) Abb. 3(1,2)

1

Klon	Zellen oder Lebewesen, die genetisch identisch sind (beim Menschen)
Reproduktives Klonen:	Künstliche Erzeugung eines Klonembryos durch Einbringen des Zellkerns einer Körperzelle in eine entkernte Eizelle. Der Klonembryo kann in die Gebärmutter einer Frau eingesetzt werden und das sich entwickelte Kind ist genetisch identisch zu dem Menschen, aus dessen Körperzelle der Zellkern entnommen wurde.
Therapeutisches Klonen:	Künstliche Erzeugung eines Klonembryos (s. o.), der dann aber nicht in die Gebärmutter eingesetzt wird, sondern dessen Zellen vereinzelt als totipotente Stammzellen zur Züchtung verschiedener Körperzellen und -gewebe verwendet werden, um krankes Gewebe des Zellkernspenders zu ersetzen
Stammzellen:	Zellen, die sich in Kultur unbegrenzt teilen und zu verschiedenartigen Zelltypen, z. B. Herz-, Muskel-, Haut- oder Leberzellen ausreifen
Embryonale Stammzellen:	Stammzellen des frühen Embryonalstadiums, die totipotent sind und deren Fähigkeit zur Bildung verschiedener Zelltypen nur geringfügig eingeschränkt ist
Adulte Stammzellen:	Stammzellen bei Kindern und Erwachsenen, die sich zu bestimmten Zelltypen entwickeln können; z. B.

können adulte Stammzellen aus dem Knochenmark verschiedene Arten von Blutzellen bilden.

2

a) Einer leberkranken Frau wird eine beliebige Körperzelle (z. B. Hautzelle) entnommen und aus dieser Zelle wird der Zellkern herausgenommen. Einer anderen Frau wird aus den Eierstöcken eine Eizelle entnommen und aus dieser wird der Zellkern entfernt. Die entkernte Eizelle wird mit dem Zellkern der leberkranken Frau verschmolzen und beginnt sich zu teilen. Der entstandene Embryo liefert embryonale Stammzellen, die vereinzelt werden und durch gesteuerte Entwicklung zu Leberzellen heranreifen. Aus diesen Leberzellen wird eine Ersatzleber gezüchtet, die der leberkranken Frau implantiert wird.
Das Hauptargument für das therapeutische Klonen (bzw. für die Forschung daran) ist, dass mit dieser Methode eventuell in der Zukunft vielen Menschen mit schweren Krankheiten geholfen werden könnte. Im Beispiel kann mithilfe des therapeutischen Klonens eine Ersatzleber gezüchtet werden, deren Zellen die genetische Information der leberkranken Frau enthalten. Nach der Implantation wird es daher nicht zu Abstoßungsrektionen kommen, da der Körper die Ersatzleber als körpereigene Zellen erkennt. In ähnlicher Weise kann man sich die Züchtung von anderem Gewebe, z. B. Herz-, Muskel-, Haut- und Nervengewebe vorstellen.
Das Hauptargument gegen das therapeutische Klonen besteht in der Tatsache, dass zur Gewinnung der embryonalen Stammzellen künstlich ein Embryo erzeugt wird, der (laut deutschem Embryonenschutzgesetz) bereits ein menschliches Lebewesen darstellt und der zu schützen ist. Er wird beim therapeutischen Klonen lediglich als Zellspender verwendet und getötet.
Bei der Diskussion ist auch zu bedenken, dass es nach heutigem Stand der Forschung noch fraglich ist, inwieweit wirklich funktionstüchtige Organe wie eine Eratzleber in Kultur gezüchtet werden können und ob hierbei embryonale Stammzellen die besseren Erfolgsaussichten bieten als adulte Stammzellen, bei denen die obigen ethischen Bedenken entfallen.
b) Bis zur Entstehung des Embryos gleichen sich die Vorgänge beim reproduktiven und beim therapeutischen Klonen: Einem Menschen wird eine Körperzelle entnommen, deren Zellkern in die entkernte Eizelle einer Frau eingebracht wird und durch Zellteilungen entsteht ein Embryo. Beim reproduktiven Klonen wird dieser Embryo dann in die Gebärmutter einer Frau übertragen, wo er sich einnistet und zu einem Kind heranwächst. Beim therapeutischen Klonen werden dagegen embryonale Stammzellen des entstandenen Embryos einzeln zur gezielten Züchtung bestimmter Zelltypen verwendet, wobei ihre Totipotenz ausgenutzt wird.
Das reproduktive Klonen von Menschen wird weltweit abgelehnt, da hier ein künstlicher Mensch gezüchtet wird, der genetisch mit dem Zellkernspender identisch ist. Dieses Vorgehen widerspricht weltweit ethischen, kulturellen und religiösen Vorstellungen, zumal es keinerlei medizinische Gründe gibt, die ein solches Eingreifen in die natürlichen Lebensvorgänge vertretbar machen. Beim therapeutischen Klonen dagegen rechtfertigen viele die Methode, einen Embryo in frühem Stadium als Zellspender zu missbrauchen, durch das Ziel, einen Menschen retten oder ihm bei schwerer Krankheit helfen zu können.
Beim therapeutischen Einsatz von adulten Stammzellen stellen sich nicht die oben formulierten Fragen, da lediglich körpereigene Zellen zur Bildung neuer Zellen verwendet werden.

3

Beschreibung der dargestellten Fortpflanzungstechniken:
Einem Mann wird eine Hautzelle entnommen, deren Zellkern mit der entkernten Eizelle einer Frau im Reagenzglas verschmolzen wird. Durch Zellteilungen entsteht ein Embryo, dessen Zellen genetisch identisch sind mit dem Mann, dessen Hautzelle verwendet wurde (Klonembryo). Die embryonalen Stammzellen differenzieren sich durch gesteuerte Entwicklung zu Eizellen und zu Spermienzellen.
Im 1. Fall werden mithilfe von künstlicher Befruchtung die so gewonnenen Spermien mit einer normalen Eizelle, die einer Frau entnommen wurde, verschmolzen. Das entstehende Kind hat somit eine Mutter (Eizellen-Spenderin) und einen Vater (Hautzellen-Spender).
Im 2. Fall werden die künstlich gezüchteten Spermien mit einer aus denselben embryonalen Stammzellen künstlich gezüchteten Eizelle zusammengebracht. Nach der Befruchtung entsteht ein Kind, das nur einen genetischen Vater hat, den Hautzellen-Spender, da sowohl die Spermien- als auch die Eizelle dessen genetische Information enthalten.
Im 3. Fall wird die künstlich gezüchtete Eizelle von normalen Spermien eines anderen Mannes künstlich befruchtet. Es entsteht ein Kind mit zwei genetischen Vätern, dem Spermienspender und dem Hautzellen-Spender.

Stichpunkte zur Diskussion ethischer Bedenken könnten u. a. sein:

- Vorgehen ist völlig unnatürlich, widerspricht unseren ethischen, kulturellen und religiösen Wertvorstellungen.
- Generationenfolge und Geschlechtertrennung wird aufgehoben (aus einem Embryo bilden sich Keimzellen; aus männlichen Körperzellen werden Eizellen gebildet).
- Hat ein Kind ein Recht auf Mutter und Vater, soweit dies möglich ist, als Grundlage einer sozialen Familie?
- Die psychischen Auswirkungen für das Kind, die durch das Wissen um seine Entstehung folgen, können nicht eingeschätzt werden.
- 1. Fall entspricht im Ergebnis der Entstehung eines Kindes mit Mutter und Vater im Grunde einer indirekten künstlichen Befruchtung. So könnte also einem Paar, bei dem der Mann komplett unfruchtbar ist und keine Spermien bildet, zum Kinderwunsch verholfen werden, ohne größere ethische Bedenken aufzuwerfen als die der Herstellung eines Klonembryos sowieso.
- Im 2. Fall entspricht das entstehende Kind genetisch seinem Vater, ist also dessen Klon. Damit wirft dieser Fall dieselben ethischen Bedenken auf wie das reproduktive Klonen, das weltweit geächtet ist.
- Im 3. Fall hat das Kind zwei genetische Väter, entsprechend denkbar wäre auch ein Kind mit zwei genetischen Müttern. Homosexuellen Paaren könnte so die Zeugung eines eigenen gemeinsamen Kindes ermöglicht werden.

8.3 Genanalyse – wie gehen wir mit dem neuen Wissen um?

Genomforschung, Persönlichkeit und Menschenwürde	2	Abb. 1,2
Problemfelder der Genanalyse	1	
Recht auf Wissen und Nichtwissen	3	Abb. 3–5

1

a)

- Das Wissen, für eine bestimmte Krankheit genetisch veranlagt zu sein, belastet sehr.
- Ein unbelastetes Leben mit Familienplanung ist oft nicht mehr möglich, die mögliche Erkrankung kann Entscheidungen dominieren.
- Für den Partner mit Kinderwunsch stellt sich die Frage, ob das Kind eventuell auch belastet sein wird und wie lange ein gemeinsames Leben mit dem kranken Partner möglich sein wird.
- Mit dem Wissen um eine mögliche Erkrankung kann man sich mit der Krankheit beschäftigen, sich gewissermaßen auf sie einstellen und regelmäßig Vorsorgeuntersuchungen durchführen.
- Oft sind bei frühzeitiger Erkennung einer Krankheit die Therapieaussichten besser (z. B. Brustkrebs).

b)

- Leute mit genetischer Vorbelastung für bestimmte Krankheiten könnten von Arbeitgebern nicht mehr gleichberechtigt eingestellt werden, Ergebnisse der Genanalyse werden zum Bewerbungskriterium.
- Krankenkassen könnten eine Genanalyse fordern, um Beitragssätze daran anzupassen, Menschen mit genetischer Vorbelastung würden so von vorne herein, auch ohne krank zu sein, benachteiligt und zusätzlich belastet.

2

Das neue Wissen um genetische Faktoren für Krankheiten erfordert einen besonders verantwortungsvollen Umgang: Die Persönlichkeit eines Menschen darf nicht auf seine genetischen Merkmale reduziert werden. Auch sollte jedem Menschen die Möglichkeit freistehen, neues Wissen um seine krankheitsrelevanten Merkmale zu erlangen oder auch darauf zu verzichten. Bei allen Überlegungen zu den Möglichkeiten der Genalyse muss die Würde und Freiheit des Menschen absoluten Vorrang vor jedem wissenschaftlichen Fortschritt haben.

3

- Gibt es eine Therapie bei der Krankheit?
- Wie ist der Krankheitsverlauf und die Lebenserwartung?
- Wann tritt die Krankheit voraussichtlich auf?
- Tritt die Krankheit mit 100%iger Sicherheit auf?
- Wie hoch ist die Wahrscheinlichkeit, dass ein eigenes Kind die Krankheit erbt?
- Sind frühzeitige Untersuchungen zum Erkennen der ausgebrochenen Krankheit für die Therapie hilfreich?
- Wie sehr ändert (bei Brustkrebs) die genetische Belastung das Risiko zu erkranken gegenüber dem normalen Risiko für die Gesamtbevölkerung?